European School of Business

Thorsten Gröne, Marcel Beyer, Julian Clemenz,
Angela Eberhardt, Markus Ostermaier

Effizientes Kompetenzmanagement in Unternehmen

Ergebnisse einer Studie des Institutes für Europäische Wirtschaftsstudien IEWS Reutlingen

inklusive Konzeption einer operativen Gestaltungsempfehlung

Schriftenreihe des ESB Research Institute
Herausgegeben von Prof. Dr. Jörn Altmann

Band 27

SCHRIFTENREIHE DES ESB RESEARCH INSTITUTE

Herausgegeben von Prof. Dr. Jörn Altmann

ISSN 1614-7618

25 *Cora Leonie Mezger*
Humankapital – der Schlüssel für wirtschaftliches Wachstum?
ISBN 3-89821-405-2

26 *Sandrine Lamarche*
Verkauf von Unternehmensbereichen und Unternehmensbeteiligungen
ISBN 3-89821-404-4

27 *Thorsten Gröne, Marcel Beyer, Julian Clemenz, Angela Eberhardt, Markus Ostermaier*
Effizientes Kompetenzmanagement in Unternehmen
Ergebnisse einer Studie des Institutes für Europäische Wirtschaftsstudien IEWS Reutlingen
ISBN 3-89821-400-1

28 *Cornelia Rösemann*
Die Business School der Zukunft in Deutschland
Visionen zu Aufgaben und Organisationsstrukturen aus Sicht der Unternehmen
ISBN 3-89821-425-7

Thorsten Gröne, Marcel Beyer, Julian Clemenz,
Angela Eberhardt, Markus Ostermaier

Effizientes Kompetenzmanagement in Unternehmen

Ergebnisse einer Studie des Institutes für Europäische Wirtschaftsstudien IEWS Reutlingen

inklusive Konzeption einer operativen Gestaltungsempfehlung

Schriftenreihe des ESB Research Institute
Herausgegeben von Prof. Dr. Jörn Altmann

Band 27

ibidem-Verlag
Stuttgart

Bibliografische Information Der Deutschen Bibliothek

Die Deutsche Bibliothek verzeichnet diese Publikation in der Deutschen Nationalbibliografie; detaillierte bibliografische Daten sind im Internet über <http://dnb.ddb.de> abrufbar.

∞

Gedruckt auf alterungsbeständigem, säurefreien Papier
Printed on acid-free paper

ISSN: 1614-7618

ISBN: 3-89821-400-1

Printed in Germany

Inhaltsverzeichnis

Abbildungsverzeichnis

Einleitung

In Frühjahr 2003 entstand unter der wissenschaftlichen Leitung von Prof. Dr. Ottmar Schneck, Professor für Banking, Finance und Rating an der European School of Business (ESB) Reutlingen, die Studie „Effizientes Kompetenzmanagement in Unternehmen". Im Auftrag der ZF Friedrichshafen AG untersuchten die Autoren, Herr Marcel Beyer, Julian Clemenz, Thorsten Gröne, Markus Ostermaier und Frau Angela Eberhardt, im Rahmen einer Benchmarkanalyse die Umsetzung von Kompetenzmanagement in deutschen Großunternehmen, um so die Erfolgsfaktoren zu erkennen, die bei der Gestaltung eines effizienten Kompetenzmanagementsystems notwendig erscheinen. Mit dem vorliegenden Text fassen die Autoren die grundlegenden theoretischen Überlegungen zusammen, die hinter einem Kompetenzmanagementsystem stehen, stellen die Ergebnisse der Benchmarkanalyse in den einzelnen Unternehmen vor und evaluieren anschließend kritisch den Einsatz von aktivem Kompetenzmanagement vor dem Hintergrund der Erkenntnisse aus der empirischen Analyse.

Aufgrund der breiten Ausgangsbasis der Benchmarkanalyse sind in diese Studie verschiedene Sichtweisen und Industrieansätze zum Thema Kompetenzmanagement eingeflossen. Diese Tatsache hat dazu geführt, dass sich die Autoren nicht mit einer Standardlösung zufrieden geben wollten. Vielmehr haben sie aufgrund ihrer Erfahrungen und Erkenntnisse der Benchmarkanalyse ein eigenes Beispieltool entworfen, das viele Vorteile der einzelnen Benchmarks miteinander vereint. Der Aufbau dieses Beispieltools, das neben einer professionellen Präsentationsvorlage dieser Studie beiliegt, wird abschließend ausführlich erläutert.

Zentrale Botschaft der Studie ist, dass gezieltes und systematisches Kompetenzmanagement Fehlinvestitionen vermeidet, Potenziale im Unternehmen aufdeckt, erhebliche Synergieeffekte erzeugt und die Unternehmensstrategie erfolgreich im Personalbereich umsetzt. Die durch effizientes Kompetenzmanagement erreichbare Transparenz und Steuerung des derzeitigen und zukünftigen Know-Hows im Unternehmen optimiert die interne und externe Stellenvergabe, erhöht die Mitarbeitermotivation und schlägt sich somit direkt im Ergebnis nieder.

Da sicherlich weitaus umfassendere Abhandlungen zum Thema Kompetenzmanagement existieren, ist es nicht das Ziel dieser Studie, den breiten theoretischen Hintergrund zu diskutieren, sondern vielmehr die praktischen Erfahrungen der Autoren mit dem Thema Kompetenzmanagement darzustellen und somit aus der Praxis prägnante Empfehlungen zur Gestaltung eines Kompetenzmanagementsystems zu geben.

1. Theoretische Grundlagen

1.1. Ausgangslage für Kompetenzmanagement

Viele Unternehmen gelangten in den letzten Jahren aufgrund von vielfältigen Veränderungen im internen und externen Unternehmensumfeld zu der Erkenntnis, dass die wertvollste Ressource in ihrem Unternehmen die eigenen Mitarbeiter sind. Aber gerade über diese und deren Kompetenzen besteht oftmals eine große Unwissenheit. Diese Erkenntnis veranlasste Unternehmen, sich verstärkt mit dem Management der Kompetenzen ihrer Mitarbeiter zu beschäftigen und die Ausbildung dieser Kompetenzen systematisch zu erfassen.

Die Ursachen für die zunehmende Bedeutung der Ressource Mensch und damit eines systematischen Kompetenzmanagements werden im Folgenden kurz dargestellt:

- *Dynamisches ökonomisches und technisches Umfeld*
  Die Hauptursache liegt in dem immer dynamischeren und sich schnell wandelnden Umfeld, in dem Unternehmen agieren müssen. Vor allem die Technologie und das technische Wissen innerhalb eines Unternehmens unterliegen heute sehr schnellen Änderungsprozessen. Die Produktlebenszyklen werden immer kürzer und der Drang nach Innovation nimmt demzufolge zu. Von diesen raschen Veränderungen bleiben auch die Mitarbeiter nicht ausgeschlossen. Von ihnen wird verlangt, diese Innovationen mit zu tragen, weshalb sie sich frühzeitig das dafür benötigte Wissen angeeignet haben sollten. Außerdem sollen sie durch ihr eigenes unternehmerisches Denken und Handeln an der zukünftigen Gestaltung des Unternehmens aktiv mitwirken. Nur so kann das Unternehmen einen erheblichen Wettbewerbsvorteil gegenüber anderen Unternehmen herausarbeiten.

- *Wachsende Aufgabengebiete der Mitarbeiter*
  Die Mitarbeiter müssen sich jedoch nicht nur mit Veränderungen der Technologie zurechtfinden, sondern werden auch immer öfter mit größeren Aufgabengebieten betraut. Viele Unternehmen sehen sich in der heutigen Zeit nicht mehr als Produzent eines bestimmten Produktes, sondern möchten komplexe Lösungen anbieten und eine Life-Cycle-Betreuung der Kunden übernehmen. Dies bedeutet, flexibel auf die Kundenwünsche eingehen zu können und oftmals neue und komplexere Produkte herzustellen als die bisher existierenden. Dies ist jedoch nur mit einer Erweiterung der Mitarbeiterkenntnisse möglich.

- *Trend zu dezentralen Unternehmensstrukturen*
  Dieses dynamischere Unternehmensumfeld hat dazu geführt, dass neue, dezentrale Organisationsstrukturen in den Unternehmen eingeführt wurden, um flexibler auf Veränderungen reagieren zu können. So findet die Zusammenstellung von Projektteams oder Fertigungsinseln in Verwaltung und Produktion immer stärkere Akzeptanz. Mit der Neuorganisation des Unternehmens ändern sich jedoch auch die Qualifikationen und Fähigkeiten, die von den Mitarbeitern erwartet werden. Diese müssen sich nun selbst organisieren und die Verantwortung für ihre Arbeit übernehmen. Dies bedeutet, dass sie die entsprechenden fachlichen und sozialen Fähigkeiten besitzen sollten, um den Erfolg des Unternehmens nicht zu gefährden.

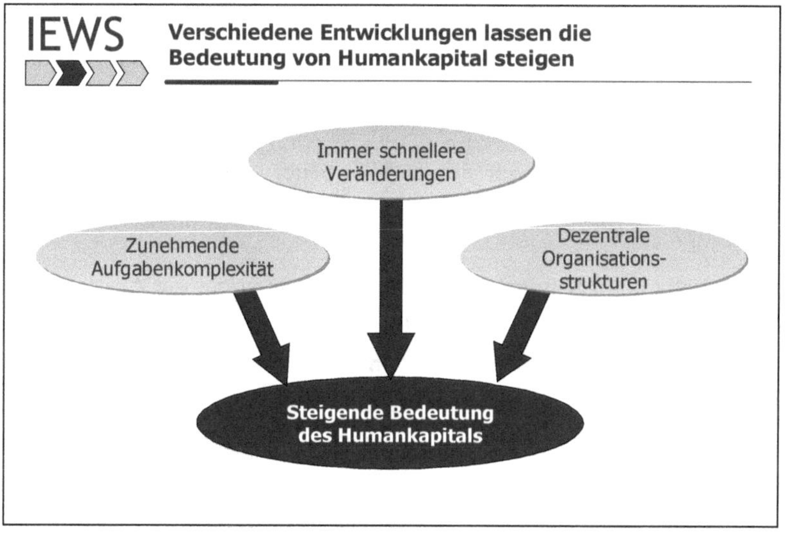

Abbildung 1.1: Die wichtigsten Ursachen für die steigende Bedeutung des Humankapitals

Die exemplarische Darstellung der wichtigsten mikro- und makroökonomischen Entwicklungen, wie in Abbildung 1.1 zu sehen, verdeutlicht die zunehmende Bedeutung des Humankapitals im Unternehmen und damit auch die Forderung, dieses systematisch im Unternehmen weiter zu entwickeln.

1.2. Ziele des Kompetenzmanagements

Unternehmen, die kein Kompetenzmanagement implementiert haben, stehen oftmals vor einem bedeutenden Problem: Aus einem der oben genannten Gründe kommen neue Anforderungen auf ihre Mitarbeiter zu, jedoch sind diese für diese Aufgabe noch nicht oder nur unzureichend ausgebildet. Die Fähigkeiten der Mitarbeiter entsprechen somit oftmals nicht den Anforderungen, was darin resultiert, dass die gestellten Aufgaben meistens nicht in zufrieden stellendem Maße, d.h. in der geforderten Zeit oder Schnelligkeit, bearbeitet werden können.

Kompetenzmanagement soll diese Diskrepanz ausgleichen, indem frühzeitig die Anforderungen der nächsten Jahre erfasst werden und so die dafür benötigten Kompetenzen bei den Mitarbeitern aufgebaut werden können. Werden die Kompetenzen, die von den einzelnen Mitarbeitern erworben wurden, anschließend systematisch erfasst, gewinnen Vorgesetzte Transparenz über die vorhandenen Kompetenzen, wodurch sie die Mitarbeiter effizienter im Unternehmen einsetzen können.

An erster Stelle beim Kompetenzmanagement steht somit die Aus- und Weiterbildung von Fähigkeiten bei den einzelnen Mitarbeitern, die diese für ihre Funktion benötigen. Es darf daher nicht mit Wissensmanagement verwechselt werden, bei dem Informationen flächendeckend zur Verfügung gestellt werden, um allen Mitarbeitern Zugang zu den gleichen Informationen zu verschaffen. Kompetenzmanagement zielt vielmehr darauf ab, die benötigten Kompetenzen bei einzelnen Personen in der Abteilung zu entwickeln. Die restlichen Mitarbeiter sowie der Vorgesetzte sollten lediglich wissen, welche Person diese Kompetenz besitzt, um sich schließlich an diese als Experten wenden zu können.

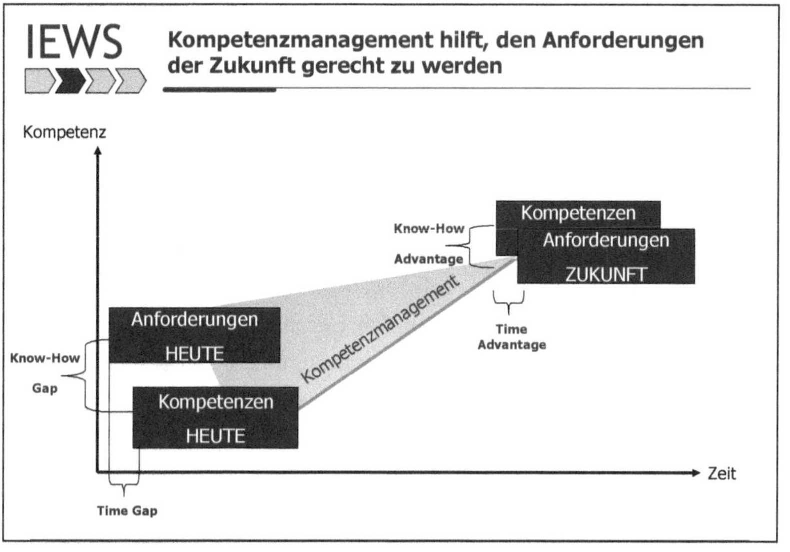

Abbildung 1.2: Verdeutlichung der Zielsetzung von Kompetenzmanagement

1.3. Das Kompetenzmanagementsystem

1.3.1. Kompetenzmanagement als Kreislaufprozess

Unternehmen, die erfolgreich ein Kompetenzmanagementsystem einführen wollen, müssen sich darüber bewusst sein, dass dies keine einmalige Aufgabe ist. Vielmehr muss das Kompetenzmanagementsystem ständig gepflegt und aktualisiert werden, damit ein Mehrwert für das Unternehmen entstehen kann. Der Kreislaufprozess des Kompetenzmanagements soll nun genauer analysiert werden.

Kompetenzmanagement ist eine zentrale Aufgabe für das gesamte Unternehmen und damit direkt der Unternehmensstrategie zugeordnet. Dieser Ansatz stellt sicher, dass die Kompetenzen einerseits zukunftsorientiert sind und andererseits auch wirklich für das Erreichen des Unternehmenszieles benötigt werden. Da dieses entsprechend der jeweiligen Branche stark voneinander abweicht, finden sich in den einzelnen Unternehmen sehr unterschiedliche Kompetenzanforderungen. So wird z.B. im Handel mit sehr kurzen Produktlebenszyklen ein eher eingeschränktes Set an Kompetenzen gefordert, wohingegen in der Automobilindustrie die Mitarbeiter sehr viel eigenverantwortlicher und kreativer arbeiten müssen.

Aus der Unternehmensstrategie können die Aufgaben der einzelnen Bereiche abgeleitet und die dort ausgeübten Funktionen für die nächsten Jahre definiert werden. Aus diesen zukünftigen Aufgabenbereichen ergeben sich die Anforderungen an die einzelnen Mitarbeiter in den Bereichen Wissen, Fähigkeiten und Verhalten. Diese Anforderungen bestimmen somit die benötigten Mitarbeiterkompetenzen, die anschließend in einem Kompetenzkatalog niedergeschrieben werden sollten.

Sobald diese Soll-Kompetenzen erfasst sind, müssen die Ist-Kompetenzen der Mitarbeiter ermittelt werden, um diese anschließend in einem Soll/Ist-Abgleich den Soll-Kompetenzen gegenüberzustellen. Aufgrund des Deltas, das sich aus diesem Soll/Ist-Abgleich ergibt, müssen Handlungsmaßnahmen, wie z.B. Schulungen, ergriffen werden, deren Resultat wiederum überwacht werden sollte. Diese Erfolgskontrolle geschieht im darauf folgenden Jahr, in dem jedoch bereits wieder eine möglicherweise stattgefundene Modifizierung der Unternehmensstrategie mit in das Kompetenzmanagementsystem einbezogen wird.

Das jährliche Durchlaufen dieses Kreislaufs, inklusive der Berücksichtigung der Unternehmensstrategie, ist der entscheidende Faktor für den Erfolg des eingeführten Kompetenzmanagementsystems. Ohne eine ständige Aktualisierung und Erfolgskontrolle sind die Daten veraltet und können somit den oben aufgeführten Problemen nicht gerecht werden.

Im Folgenden wird auf einzelne Stufen dieses Kreislaufs näher eingegangen und die wichtigsten Faktoren eines Kompetenzmanagementsystems erläutert.

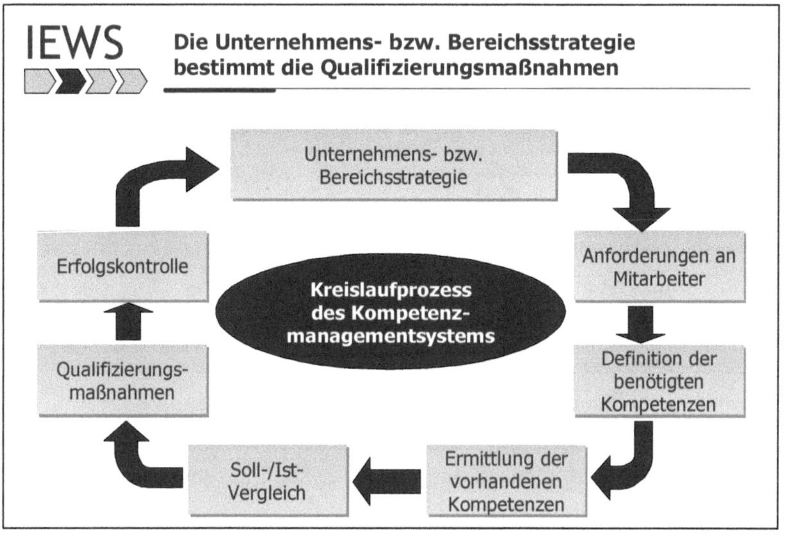

Abbildung 1.3: Der Kreislaufprozess des Kompetenzmanagements

1.3.2. Erstellen des Kompetenzkatalogs

Den zentralen Baustein eines jeden Kompetenzmanagementsystems stellt der Kompetenzkatalog dar. In ihm werden alle zur Umsetzung der Unternehmensstrategie benötigten Kompetenzen aufgenommen. Diese umfassen alle derzeitigen und zukünftigen und wiederkehrenden Anforderungen an die Mitarbeiter im gesamten Unternehmen. Diese Kompetenzen lassen sich in fachliche, methodische und soziale Kompetenzen unterscheiden.

- *Fachliche Kompetenz*
  Die fachliche Kompetenz umfasst Fähigkeiten, an die im Regelfall als erstes gedacht wird. Darunter versteht man Kenntnisse, die sich der Mitarbeiter durch seine Ausbildung oder Weiterbildung angeeignet hat bzw. angeeignet haben sollte. In dieser Rubrik kann auch das Qualitätsbewusstsein und die Innovationsorientierung der Mitarbeiter gemessen werden. Die fachliche Kompetenz hängt somit stark von dem jeweiligen Arbeitsbereich ab, kann relativ schnell durch Schulung oder Coaching gesteigert werden und ist einfach zu erfassen.

- *Methodische Kompetenz*
  Unter methodischer Kompetenz versteht man die Fähigkeit, Probleme und Aufgaben analytisch und strukturiert lösen zu können. Auch die Fähigkeit zu logischem und kritischem Denken sowie gute Präsentations- und Dokumentationsfähigkeiten könnten hier gemessen werden. Da methodische Kompetenz weniger greifbar ist als fachliche Kompetenz, ist sie einerseits für den Anwender eines Kompetenzmanagementsystems nicht klar zu erfassen und andererseits für Mitarbeiter schwieriger zu erlernen.

- *Soziale Kompetenz*
  Die soziale Kompetenz umfasst u.a. Teamfähigkeit, Menschenkenntnis, Konfliktverhalten und Kommunikationsfähigkeit. Es handelt sich hierbei also um sehr persönliche Eigenschaften, deren Bewertung und Dokumentation oftmals mit Problemen verbunden ist. Aus diesem Grund wird soziale Kompetenz von vielen Kompetenzmanagementsystemen nicht erfasst, obwohl gerade diese Faktoren in den heutigen dezentralen Organisationsstrukturen zunehmend an Bedeutung gewinnen.

Insgesamt kann festgehalten werden, dass es stark von der besetzten Position abhängt, welche Kompetenzen in dem System abgebildet werden. Während man sich bei ausführenden Tätigkeiten oftmals auf die fachliche Kompetenz beschränkt, gewinnen bei leitenden Tätigkeiten zunehmend die methodische und vor allem die soziale Kompetenz an Bedeutung. Diese Einschätzung lässt sich jedoch nicht generalisieren, sondern wird im Regelfall durch die jeweilige Organisation bestimmt. Wird z.B. in der Produktion im Team gearbeitet, so spielen auch hier soziale Kompetenzen eine große Rolle.

Welche Kompetenzen erfasst werden, muss somit jedes Unternehmen entsprechend seiner Unternehmenskultur und der Akzeptanz der Mitarbeiter selbst entscheiden. Es sollte jedoch grundsätzlich auf eine ausgewogene Verteilung Wert legen und z.B. nicht ausschließlich persönliche Fähigkeiten messen, um ein objektives Gesamtbild der Mitarbeiter zu erhalten.

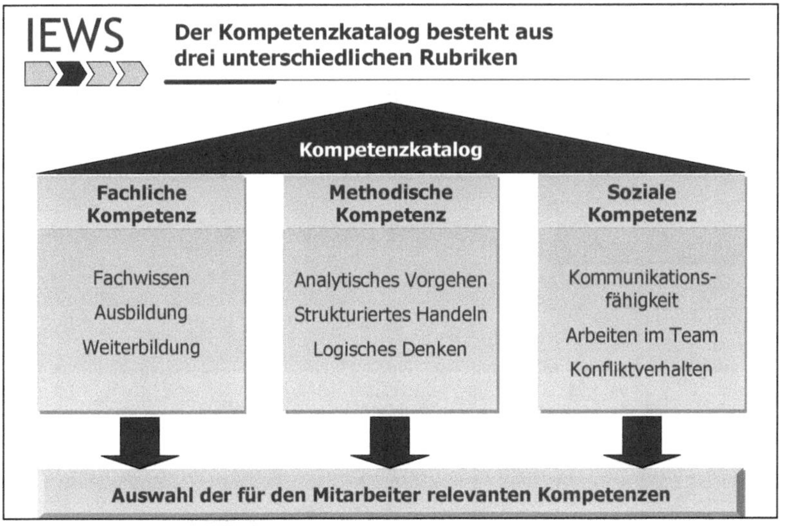

Abbildung 1.4: Die 3 Säulen des Kompetenzkatalogs

In dem Kompetenzkatalog sollten die einzelnen Kompetenzen in Stufen (z.B. von 1-5) eingeteilt werden. Diese einzelnen Stufen bedeuten unterschiedliche Anforderungen an die Mitarbeiter und können beispielsweise wie folgt definiert sein:

1 = Problembewusstsein, jedoch keine expliziten Kenntnisse
2 = Grundlagenwissen für bestimmte Aufgaben
3 = Fachkenntnisse für bestimmte Aufgaben
4 = Fachkenntnisse und weit reichende Erfahrung
5 = Expertenkenntnisse

Es ist wichtig, dass die Bewertungsstufen verständlich beschrieben sind und sich auch signifikant voneinander unterscheiden, um so Missinterpretationen und damit einhergehende Fehler bei der Bewertung zu vermeiden.

Dieser zentrale Kompetenzkatalog, dessen Entwurf einen einmaligen hohen Arbeitsaufwand bedeutet, erleichtert die spätere Pflege des Kompetenzmanagementsystems, da Veränderungen bei den Kompetenzen bzw. Kompetenzbeschreibungen durch das einmalige Einarbeiten in den Kompetenzkatalog sofort in alle betroffenen Profile eingehen.

1.3.3. Ermittlung der Kompetenzen

Anhand des unternehmensweiten Kompetenzkatalogs können die Soll-Kompetenzen der einzelnen Mitarbeiter ermittelt werden. Hierzu müssen lediglich die für die Funktion des Mitarbeiters relevanten Kompetenzen aus dem Kompetenzkatalog ausgewählt werden. Anschließend wird entsprechend der Funktion bestimmt, wie stark die Kompetenz ausgeprägt sein muss. Hierbei dienen die Kompetenzbeschreibungen als Einstufungshilfe.

Die Ist-Kompetenzen sollten im Rahmen der Mitarbeiterbeurteilung, z.B. in Form eines Mitarbeitergesprächs oder einer 360°-Beurteilung, zusammen mit dem Mitarbeiter ermittelt werden. Auch eine Selbstbewertung ist denkbar. Die Praxis zeigt, dass Überbewertungen eher selten vorkommen, da falsch vorgenommene Kompetenzeinschätzungen im Alltag des Mitarbeiters schnell auffallen. Der Mitarbeiter sollte jedoch auf jeden Fall in die Bewertung miteinbezogen werden, um seine Akzeptanz für das System zu gewinnen, das sich so bereits nach kurzer Zeit zum Motivationsinstrument für den Mitarbeiter entwickeln kann.

Bewertet werden die Kompetenzen, die in das Soll-Profil Eingang gefunden haben. Auch die Skalierung der Ist-Kompetenzen entspricht der Skalierung der Soll-Kompetenzen, um die Vergleichbarkeit zu gewährleisten.

Bei der Bewertung und Aufnahme der Ist-Kompetenzen besteht die Möglichkeit, Interessen sowie Entwicklungs- und Karrierewünsche der Mitarbeiter in dem Kompetenzmanagementsystem festzuhalten. Dies erhöht die Motivation der Mitarbeiter und steigert die Qualität ihrer Arbeit.

Wie bereits öfters angedeutet ist es wichtig, dass sowohl Soll- als auch Ist-Kompetenzen mindestens einmal jährlich entsprechend der Unternehmensstrategie und den erzielten Fortschritten der Mitarbeiter aktualisiert werden.

Abbildung 1.5: Anforderungen an die Soll- und Ist-Kompetenzen

1.3.4. Soll/Ist-Abgleich

Sobald die Soll-Kompetenzen bestimmt und die Ist-Kompetenzen bei den Mitarbeitern ermittelt wurden, kann ein Soll/Ist-Abgleich durchgeführt werden. Dies bedeutet, dass die beiden Profile gegenübergestellt werden, um so eine Über- bzw. Unterdeckung feststellen zu können.

Nun müssen Vorgesetzter und Mitarbeiter zusammen entscheiden, bei welchen Kompetenzen Qualifizierungsmaßnahmen eingeleitet werden sollten. Diese Qualifizierung muss jedoch nicht zwangsläufig durch kostspielige Seminare und Schulungen erreicht werden, sondern lässt sich oftmals durch E-Learning, Coaching, Job-Rotation oder selbstständige Lektüre sehr viel schneller und kostengünstiger erreichen. Ergibt sich bei einem Mitarbeiter bei sehr vielen Kompetenzen eine Über- bzw. Unterqualifizierung, so könnte diesem Mitarbeiter eine passendere Stelle angeboten werden. Ebenso können durch Einbeziehung von Karriere-, Entwicklungs- und Interessenswünschen sowie deren

Skalierung ungenutzte Potentiale entdeckt und erschlossen werden. Stellt der Vorgesetzte fest, dass bestimmte Kompetenzen bei keinem der Mitarbeiter vorhanden sind, so sollte er eine Neueinstellung in Betracht ziehen.

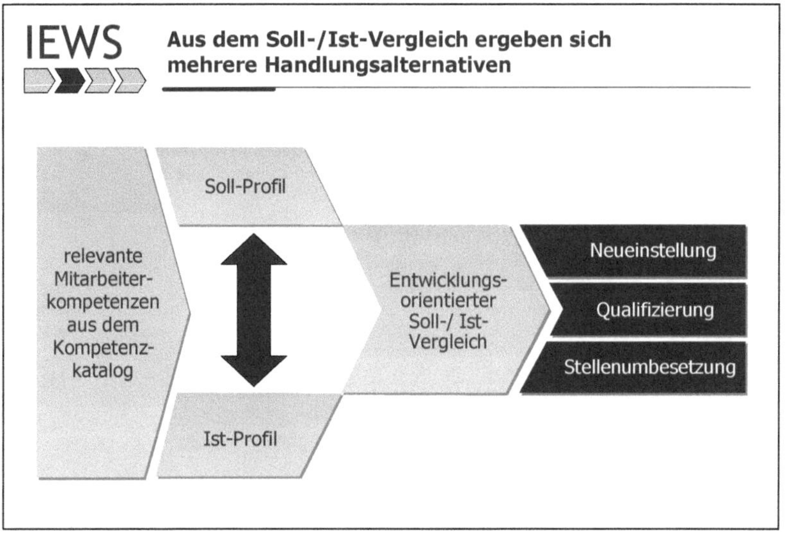

Abbildung 1.6: Die sich aus dem Soll/Ist-Abgleich ergebenden Handlungsalternativen

Durch diesen Soll/Ist-Abgleich wird somit die Entwicklung der Abteilung im Sinne der Unternehmensstrategie sichergestellt und für jeden Mitarbeiter die optimalen Qualifizierungsmaßnahmen definiert, um den jetzt und in der Zukunft gestellten Anforderungen gerecht zu werden.

2. Benchmarkanalyse unter deutschen Großunternehmen

2.1. Vorbemerkungen

In diesem Kapitel werden die vorangegangen theoretischen Überlegungen um Erfahrungen und Beispiele aus der Praxis ergänzt. Insgesamt wurden über dreißig deutsche Großunternehmen aus nahezu allen Branchen angeschrieben. Einige von diesen Unternehmen wurden persönlich vor Ort besucht und in ausführlichen Gesprächen in Bezug auf ihren Umgang mit dem Thema Kompetenzmanagement befragt.

Im Folgenden werden exemplarisch die Konzepte von fünf Unternehmen vorgestellt. Auch hierbei wurde darauf geachtet, eine möglichst große Branchenstreuung zu erreichen. Hierbei handelt es sich um Unternehmen aus den Bereichen Softwareentwicklung, Automatisierungstechnik, Finanzdienstleistung, Automobilherstellung und Autozulieferindustrie. Diese Branchendiversifikation bewirkt, dass eine Konzentration auf bestimmte Aspekte und die Ausblendung anderer wichtiger Faktoren verhindert wird. Vor allem zwischen produzierenden und dienstleistungsorientierten Unternehmen können sich aufgrund der wesentlichen strukturellen Abweichungen in der Wertschöpfungskette erhebliche Unterschiede in den Anforderungen an ein Kompetenzmanagementsystem ergeben.

2.2. Vorstellung und Bewertung der untersuchten Konzepte

2.2.1. Unternehmen A

Rahmenbedingungen

Beim Unternehmen A handelt es sich um einen weltweit tätigen Software-Anbieter mit knapp 30.000 Mitarbeitern. Das Thema Kompetenzmanagement wird sehr unterschiedlich innerhalb der einzelnen Bereiche im Unternehmen gehandhabt. Aufgrund einer Strategieänderung von der Modul- zur Prozessorientierung, die von nun an sehr kundenorientiert ausgerichtet ist, besteht im 9.000 Mitarbeiter umfassenden Bereich „Beratung" Bedarf, die Mitarbeiterkompetenzen den neuen Herausforderungen anzupassen. Für den Bereich „Sales" ist der standardmäßige Einsatz in Planung. Alle anderen Bereiche pflegen einen eher sporadischen Einsatz, da hierfür kein Vorstandsbeschluss zur Nutzung des Kompetenzmanagementsystems vorliegt. Die Nutzung bleibt also unverbindlich.

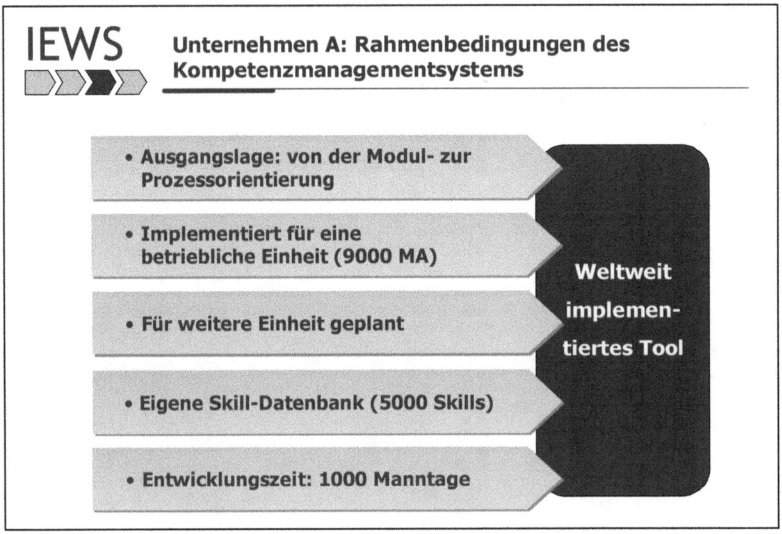

Abbildung 2.1: Rahmenbedingungen im Unternehmen A

Entwicklung des Kompetenzmanagementsystems

Basis des Kompetenzmanagementsystems ist ein umfangreicher Kompetenzkatalog. Dieser wurde von den verschiedenen Fachabteilungen zusammengetragen. Innerhalb der einzelnen Fachabteilungen wurden hierbei alle für notwendig erscheinenden Kompetenzen aufgelistet. Das Ergebnis ist ein mehr als 5.000 Einzelkompetenzen umfassender Katalog, welcher sich aus den vier Hauptclustern „Industry Experience, Product and Computer, Functional Knowledge und Soft Skills“ zusammensetzt und alle im gesamten Unternehmen benötigten Kompetenzen widerspiegelt. Dabei unterscheidet Unternehmen A allerdings zwischen den technischen Kompetenzen wie z.B. „Product and Computer“, die von der Produktentwicklung vorgegeben werden und den „Soft Skills“, die operativ getrieben sind und durch die Fachabteilungen bzw. die Personalentwicklung festgelegt werden. Der Katalog wird kontinuierlich von den Fachabteilungen aktualisiert und bei Bedarf erweitert. Dies ist beispielsweise dann notwendig, wenn sich aufgrund neuer Produkte das Kompetenzanforderungsprofil verlagert oder erweitert. Es ist im Sinne des Unternehmens, einen möglichst den Tatsachen entsprechenden Katalog zu entwickeln, denn nur so können alle Kompetenzen identifiziert und lokalisiert werden. Daher hat der einzelne Mitarbeiter stets die Möglichkeit, sein Kompetenzprofil um Kompetenzen zu erweitern, die er selbst für wichtig erachtet.

Jeder Mitarbeiter findet im Intranet seinen eigenen Kompetenzkatalog, welcher in der Regel aus ca. 400 Einzelkompetenzen besteht. Hierbei ist es die Aufgabe der Abteilungsleitung, die für die Mitarbeiter relevanten Kompetenzen in regelmäßigen Abständen aus dem Gesamtkatalog heraus zu filtern. Der Mitarbeiter ist angehalten, seinen Kompetenzkatalog kontinuierlich zu pflegen, indem er jede Kompetenz auf einer Skala mit den Niveaus „Basis, Mittel, Fortgeschritten und Experte“ bewertet. Sowohl den einzelnen Kompetenzen als auch den Bewertungsniveaus sind weltweit einheitliche Definitionen bzw. Erklärungen hinterlegt worden, die direkt einsehbar sind. Dadurch wird sichergestellt, dass jeder Benutzer dasselbe Verständnis der jeweiligen Kompetenz und ihrer möglichen Niveaus besitzt. Der Mitarbeiter in den USA bekommt also dieselbe Erläuterung der Kompetenz „Teamfähigkeit“ wie sein Kollege in Deutschland. Hierdurch wird der Personalentwicklung die Möglichkeit gegeben, die Mitarbeiter über nationale Grenzen hinweg anhand eines einheitlichen Kompetenzmanagementsystems zu vergleichen.

Die Entwicklung des Kompetenzmanagementsystems im Unternehmen A benötigte nach internen Schätzungen zufolge ca. 1.000 Mann-Tage. Der größte Teil der Arbeit, ca. 900 Manntage, benötigte allerdings der Rollout des Systems, der im Wesentlichen aus der Überarbeitung des Fortbildungs- und Schulungswesen und der Wartung des Systems bestand. Nach Analyse der Ist-Profile der Mitarbeiter ließ sich genau feststellen, wo die Kompetenzlücken der Mitarbeiter lagen. Es entstanden völlig neue Anforderungen an das Fortbildungs- und Schulungswesen. Eine grundlegende Neugestaltung war unumgänglich, um individualisierte Schulungskonzepte im Sinne eines effizienten Kompetenzmanagements zu ermöglichen. Des Weiteren nimmt die kontinuierliche Wartung und Pflege des Systems einen kontinuierlichen Kapazitätsbedarf in Anspruch. Das System kann nur dann Mehrwert liefern, wenn der Kompetenzkatalog, die Kompetenzprofile sowie die Soll/Ist-Profile der Mitarbeiter kontinuierlich gepflegt werden.

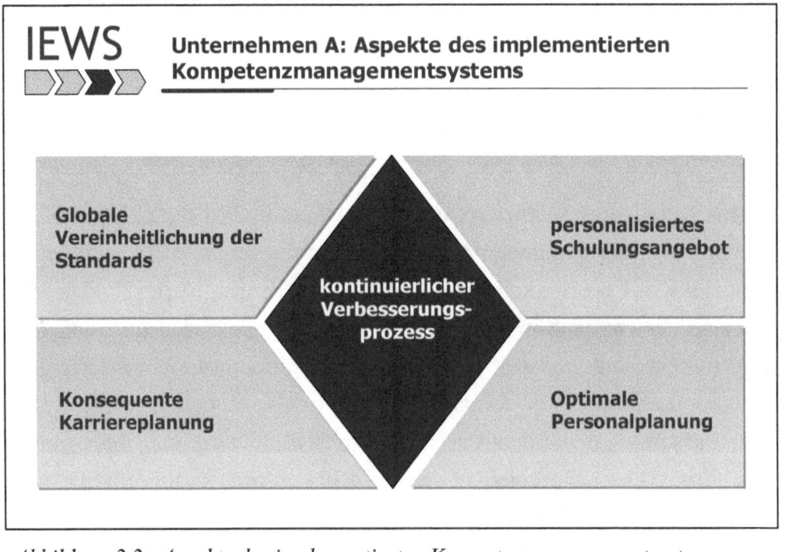

Abbildung 2.2: Aspekte des implementierten Kompetenzmanagementsystems

Beschreibung des Kompetenzmanagementsystems

Das Kompetenzprofil des jeweiligen Mitarbeiters wird in Form der „Liniendarstellung“ visualisiert. Hierbei hat jeder Mitarbeiter drei verschiedene Profile: ein „Soll-, Ist- und ein Entwicklungs-Profil“. Innerhalb des Geschäftsfeldes „Beratung“, in welchem das Kompetenzmanagementsystem vornehmlich zum Einsatz kommt, existieren für die Mitarbeiter vier Karrierestufen: Associate Consultant, Consultant, Senior Consultant und Principal Consultant. Das „Soll-Profil“ (rote Linie Abbildung 2.3) des zu bewertenden Mitarbeiters richtet sich stets nach den Anforderungen, welche an die zweithöchste Karrierestufe gestellt werden, also an einen Senior Consultant. Die Soll-Anforderungen an einen Senior Consultant wiederum werden von einem Expertenausschuss definiert. Das Soll-Profil des jeweiligen Mitarbeiters soll diesem also aufzeigen, welche Entwicklungsmöglichkeiten noch für die mittel- bis langfristige Zukunft bestehen. Das Entwicklungsprofil (grüne Linie Abbildung 2.3) hingegen zeigt dem Mitarbeiter seinen kurzfristigen Kompetenzentwicklungspfad auf. Es kann also als Zielvereinbarung zwischen den Parteien des Mitarbeitergesprächs interpretiert werden, welche es bis zum folgenden Mitarbeitergespräch umzusetzen gilt. Das „Ist-Profil“ (blaue Linie Abbildung 2.3) wird wie bereits erwähnt persönlich vom jeweiligen Mitarbeiter in die Datenbank eingepflegt. Es stellt somit einen Spiegel seines aktuellen Kompetenz-Profils dar.

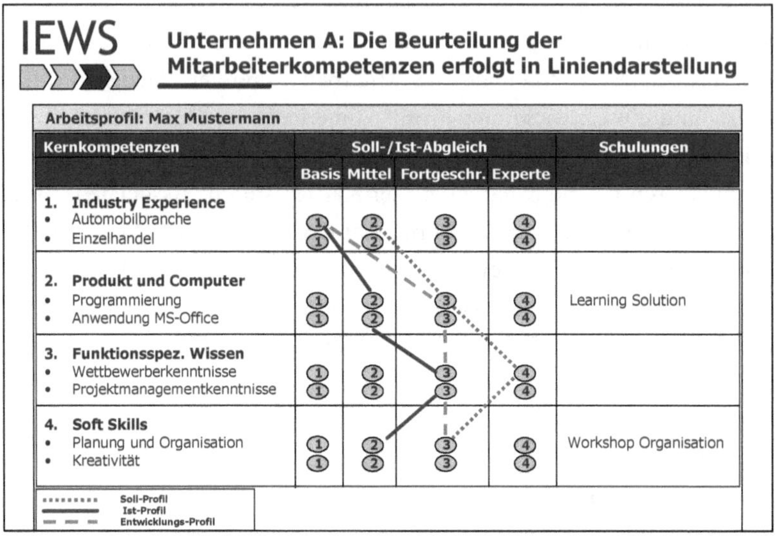

Abbildung 2.3: Beurteilungsmaske des Kompetenzmanagementsystems

Durch einen sich selbständig regulierenden Prozess wird der Mitarbeiter eine intrinsische Motivation verspüren, die Angaben seines „Ist-Profils“ wahrheitsgemäß vorzunehmen. Stuft er sich zu niedrig ein, wird er z.B. bei anspruchsvollen Projekten nicht berücksichtigt und behindert somit seine eigene Entwicklung. Stuft er sich hingegen zu hoch ein, kann er für Tätigkeiten eingeplant werden, die seine Kompetenz übersteigen, oder bei Fortbildungsmaßnahmen unberücksichtigt bleiben. Auch dies würde seine weitere Entwicklung im Unternehmen nachhaltig gefährden, da eine nicht vorhandene Kompetenz spätestens bei einem anspruchsvollen Projekt aufgedeckt werden würde. Darüber hinaus finden in regelmäßigen Abständen Mitarbeiterbeurteilungsgespräche zwischen Mitarbeiter und direktem Vorgesetzten statt. Durch diesen Rückkopplungsmechanismus würde ein der Realität fernes Ist-Profil auffällig werden. Weiterhin wird das persönliche Entwicklungsprofil gemeinsam zwischen Vorgesetztem und Mitarbeiter im Beurteilungsgespräch festgelegt. Das visualisierte Kompetenzprofil als Ganzes („Ist-, Entwicklungs- und Soll-Profil“) gibt sowohl der Führungskraft als auch dem Mitarbeiter selbst einen schnellen Überblick über den aktuellen Entwicklungsstand des Betroffenen. Unterschiede zwischen den einzelnen Profilen werden vom System automatisch identifiziert und mit dem aktuellen internen Schulungsangebot abgeglichen. Bei Übereinstimmung zwischen dem individuellen Schulungsbedarf eines Mitarbeiters und einer passenden Fortbildungsmaßnahme macht das System eigenständig Schulungsvorschläge und führt in der Anwendersoftware direkt zum Schulungsinformationssystem, in welchem die Führungskraft direkt die passende Schulung reservieren kann.

Den Anforderungen des Datenschutzes wird insofern Rechnung getragen, als dass ausschließlich die Führungskraft Zugriff auf die Kompetenzprofile der ihr untergeordneten Mitarbeiter hat. Analog greift jeder Mitarbeiter auch nur auf seine eigenen Daten zu.

Schwächen des Kompetenzmanagementsystems
Trotz der bereits vorhandenen Komplexität des Systems schöpft Unternehmen A die Möglichkeiten eines systematischen Kompetenzmanagements nicht im vollen Umfang aus. Es findet beispielsweise keine Aggregation der gesammelten Daten statt. Dadurch ist es derzeit lediglich möglich, Aussagen über das Kompetenzprofil einzelner Mitarbeiter zu treffen. Eventuell ist es für die jeweilige Führungskraft möglich, diese Daten für sich zusammenzufassen, da sie ihre Mitarbeiter persönlich kennt und Einsicht in alle Mitarbeiterprofile des eigenen Verantwortungsbereiches besitzt. Das würde heißen, dass es der Führungskraft möglich ist, ganzheitliche Aussagen über den Kompetenzstand der eigenen Abteilung zu formulieren.

Bei Unternehmen A findet allerdings keine systematische Aggregation der Kompetenzprofile auf Hauptabteilungs-, Geschäftsfeld-, - und Konzernebene statt. Die Geschäftsführung kann folglich keine Aussagen darüber machen, wie viele Mitarbeiter das an sie gestellte Soll-Profil eines Senior Consultants beispielsweise in der Kompetenz „Programmierung von Access Datenbanken" erfüllen. Somit wird auch eine langfristige Kompetenzentwicklung der Mitarbeiter im Sinne der Konzernstrategie erschwert.

Ein weiteres Defizit ist die ausbleibende Verwaltung der Datenhistorie. Die in der Vergangenheit festgestellten Ist- und Entwicklungsprofile der Mitarbeiter werden also zum Beispiel nicht dazu genutzt, um verfeinerte Aussagen über die individuelle Mitarbeiter- oder die Personalentwicklung im Ganzen zu treffen. Dies könnte ebenfalls vorteilhaft sein, um engagierte und begabte Mitarbeiter ausfindig zu machen. Denkbar wäre allerdings auch die Erstellung einer zeitlichen Korrelation zwischen dem Ist-Profil des Mitarbeiters und dem besuchten Schulungsangebot. Hierdurch könnten Rückschlüsse über den Wirkungsgrad des Schulungsangebotes gezogen werden. Dies wiederum würde helfen, das interne Schulungsangebot effizienter und anforderungsspezifischer zu gestalten.

Mehrwert für das Unternehmen durch das Kompetenzmanagementsystem
Das Kompetenzmanagementsystem kommt auf verschiedene Art und Weise im Unternehmen zum Einsatz und generiert hierdurch einen Mehrwert für das Unternehmen. Durch die kontinuierliche Überarbeitung des Kompetenzkataloges und der individuellen Pflege der Ist-Profile durch die Mitarbeiter lässt sich stets ein qualitativer Überblick über alle im Unternehmen vorhandenen Kompetenzen gewinnen. Es besteht also Transparenz über die Kompetenzprofile aller Mitarbeiter, die ihre Daten pflegen. Bei internen Umbesetzungen und vor allem bei Projektteamzusammenstellungen können so alle Mitarbeiterprofile nach dem gesuchten Kompetenzprofil „gescannt“ werden. Auf diese Weise lassen sich aufwändige interne Ausschreibungen und der damit zusammenhängende Bewerbungsprozess effizienter, kostengünstiger und zeitnaher gestalten.

Durch die weltweite Standardisierung der einzelnen Kompetenzen lassen sich Aussagen auch über Ländergrenzen hinweg treffen. Das „Area-Management“ erhält hierdurch Informationen, wodurch sich beispielsweise internationale Projektteams aufgrund der standardisierten Kompetenzdefinitionen einfacher zusammenstellen lassen.

Durch die Gap-Analyse zwischen Ist- und Entwicklungs-Profil lässt sich ein personalisiertes Schulungsangebot für jeden Mitarbeiter erstellen. Fehlinvestitionen in unzulängliche Weiterbildungsmaßnahmen können folglich vermieden werden. Persönliche Entwicklungspotenziale einzelner Mitarbeiter fallen durch systematisches Kompetenzmanagement viel stärker auf als zuvor, wodurch sich Mitarbeiter in ihren Stärken und Schwächen genauer und fundierter unterscheiden lassen. Unternehmen A leitet die Daten talentierter Mitarbeiter an eine Abteilung, das so genannte „Talent Center", weiter, die damit beauftragt ist, potentielle Führungskräfte zu fördern und auf spätere Aufgaben vorzubereiten. Zusammenfassend lässt sich sagen, dass sich Unternehmen A für ein komplexes System entschieden hat, das definitiv Mehrwert erzeugt, jedoch nicht alle Möglichkeiten voll ausschöpft.

2.2.2. Unternehmen B

Rahmenbedingungen

Unternehmen B ist in der Automatisierungstechnik tätig und sehr stark durch seine fraktale Organisation geprägt. Die einzelnen Leistungseinheiten, die ca. 100 Mitarbeiter umfassen, arbeiten eigenständig; nur sekundäre Tätigkeiten wie Verwaltung und Buchhaltung werden zentral durchgeführt. Insgesamt beschäftigt der weltweit tätige Konzern ca. 10.000 Mitarbeiter.

Beschreibung des Kompetenzmanagementsystems

Der dezentrale Ansatz der fraktalen Organisation spiegelt sich auch in der Vorgehensweise des Kompetenzmanagements wider. Im Mittelpunkt steht das Beratungs- und Förderungsgespräch. Dieses Gespräch, das einmal im Jahr zwischen jedem Mitarbeiter und seinem direkten Vorgesetzten stattfindet, hat zwei wichtige Funktionen.

Erstens dient es zur vergütungswirksamen Bewertung der Leistung des Mitarbeiters. Zu diesem Zweck wird die Selbsteinschätzung mit der Einschätzung des Vorgesetzten abgeglichen und in der Regel zu einem Konsens gebracht. Diese Leistungsbewertung berücksichtigt dabei mehrere Faktoren, die von Leistungseinheit zu Leistungseinheit unterschiedlich sind und vom Leiter dieser Leistungseinheit festgelegt werden. Teilweise werden Bewertungsskalen benutzt, um Mitarbeiter abteilungsintern zu differenzieren. Diese Differenzierung richtet sich hauptsächlich nach Mitarbeiterstatus und Lohngruppe.

Des Weiteren soll das Gespräch ein sowohl allgemeines, als auch persönliches Stimmungsbild des vergangenen Jahres und der aktuellen Situation zeichnen. Der Mitarbeiter hat die Möglichkeit, eigene Vorschläge mit einzubringen. Gemeinsam einigt man sich auf Ziele, die bis zum ein Jahr später stattfindenden Gespräch umgesetzt werden sollen. Diese Vereinbarung enthält sowohl leistungs- als auch weiterbildungsorientierte Aspekte. Dabei soll der Mitarbeiter aktiv in die eigene Karriereplanung eingreifen und konkrete Weiterbildungswünsche äußern können. Ein wesentlicher Aspekt dieses System ist, dass ein ständiges, kontinuierliches und gegenseitiges Feedback stattfindet, wobei das jährliche Beratungs- und Förderungsgespräch lediglich dazu dient, die durch dieses Feedback bekannten Punkte zu sammeln, zu strukturieren und festzuhalten. Das Beratungs- und Förderungsgespräch bringt somit nicht völlig neue Erkenntnisse ans Licht, die der Mitarbeiter fürchten könnte.

Nachdem die Beratungs- und Förderungsgespräche erfolgt sind, trägt der Vorgesetzte die ermittelten Kompetenzen seiner Mitarbeiter in eine Matrix auf Leistungseinheitsebene ein. Dabei wird nicht mehr der Grad der Erreichung einer Kompetenz berücksichtigt. Es wird lediglich unterschieden, ob die Kompetenz vorhanden, ob eine Schulung geplant oder die Kompetenz nicht vorhanden und ihr Aufbau auch nicht vorgesehen ist.

IEWS

Unternehmen B: Die Darstellung der Mitarbeiterkompetenzen erfolgt in einer Matrix auf LE-Ebene

LE 1	MA I	MA II	MA III	MA IV	MA V	MA VI	MA VII	MA VIII
Montage	**X**	**X**	**O**	v	**X**	**O**	**O**	**X**
Pneumatik	**O**	**O**	**X**	**X**	v	**X**	**O**	**O**
Maschinen-bedienung	**X**	**O**	v	**X**	**X**	**O**	**X**	**O**
Excel-kenntnisse	**X**	**O**	v	**O**	**X**	v	**X**	**O**

Kompetenz vorhanden = X | Kompetenz nicht vorhanden = 0 | Schulung geplant = v

Abbildung 2.4: Mitarbeitermatrix bei Unternehmen B

Mehrwert für das Unternehmen durch das Kompetenzmanagementsystem
Dank des Kompetenzmanagementsystems kann das Kompetenzprofil jedes einzelnen Mitarbeiters analysiert werden. Dies kann unter Umständen dazu führen, dass ein Mitarbeiter aufgrund seiner Flexibilität bei Bedarf auch in anderen Bereichen als seinem derzeitigen eingesetzt werden kann, oder für einen anderen Bereich als besser geeignet erscheint. Andererseits kann der Vorgesetzte feststellen, wie breit eine einzelne Kompetenz, unabhängig von einem einzelnen Mitarbeiter, über seine Leistungseinheit verteilt ist, und ob unter Umständen ein Schulungsbedarf besteht oder sogar eine Überkapazität vorhanden ist.

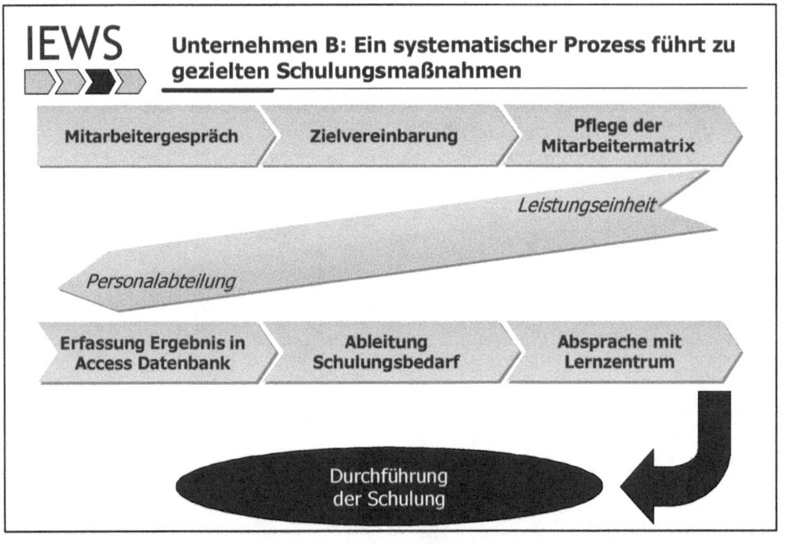

Abbildung 2.5: Der Prozessablauf Kompetenzmanagement im Unternehmen B

Nach erfolgtem Gespräch und erstellter Mitarbeitermatrix stellt ein festgelegter Prozess die weiteren Schritte bis zur tatsächlichen Durchführung der Schulung sicher. Die einzelnen Leistungseinheiten geben ihre Ergebnisse an die Personalabteilung weiter. Diese erstellt eine Gesamtübersicht und leitet hieraus den Schulungsbedarf des nächsten Jahres ab. Dieser Bedarf wird anschließend mit dem unternehmensinternen Lernzentrum abgestimmt, um die konkreten Schulungen zu planen. Falls eine bestimmte Schulung noch nicht im Angebot des Lernzentrums enthalten ist, kann dieses somit rechtzeitig maßgeschneiderte Schulungen für spezielle Anforderungen entwerfen. Dieses Lernzentrum unterscheidet sich von den meisten Schulungsabteilungen in herkömmlich organisierten Unternehmen darin, dass es selbst eine eigene Leistungseinheit innerhalb der fraktalen Struktur darstellt. Dies bedeutet, dass auf der einen Seite auch die eigene Rentabilität eine Rolle spielt, auf der anderen Seite durch Schulungsangebote an externe Kunden Erfahrungen gesammelt werden können, die den meisten ausschließlich intern ausgerichteten Abteilungen vorenthalten bleiben. Es kann also davon ausgegangen werden, dass dieses Lernzentrum erhebliche Vorteile gegenüber herkömmlichen Schulungsabteilungen in den Bereichen Effizienz sowie Erfahrung erzielen kann.

Bewertung des Kompetenzmanagementsystems

Zusammenfassend kann zu Unternehmen B gesagt werden, dass aufgrund des eigenen Lernzentrums sehr flexibel und effektiv auf den Weiterbildungsbedarf eingegangen werden kann. Allerdings fehlt die strategische Komponente, da keine übergeordnete Instanz Einfluss auf die langfristige Steuerung der Qualifizierungsmaßnahmen hat. Die Personalabteilung nimmt in diesem Zusammenhang eine ausschließlich operative Funktion wahr, indem sie Mitarbeiterprofile verwaltet und die von den Leistungseinheiten geforderten Schulungen koordiniert und bucht. Während dieses System auf den ersten Blick einen minimalistischen Ansatz eines Kompetenzmanagements darstellen mag, muss allerdings beachtet werden, dass für die einzelnen unabhängigen Leistungseinheiten dieses System einen willkommenen Kompromiss zwischen Nutzen, Aufwand und Mitarbeitermotivation bietet. Zur Mitarbeitermotivation ist hervorzuheben, dass das Beratungs- und Förderungsgespräch anfangs sehr kritisch von den Mitarbeitern aufgenommen wurde. Innerhalb weniger Jahre hat sich das Bild jedoch gewandelt: Heute fordern die Mitarbeiter das Gespräch regelrecht, da sie ihren eigenen Nutzen und Mehrwert in dem System wieder erkennen.

2.2.3. Unternehmen C

Rahmenbedingungen

Bei Unternehmen C handelt es sich um einen weltweit tätigen Finanzdienstleister mit Hauptsitz im europäischen Ausland. Unternehmen C hat schon vor einigen Jahren erkannt, dass zur Realisierung von Wettbewerbsvorteilen Mitarbeiter in allen Abteilungen ihren Fähigkeiten entsprechend eingesetzt werden müssen. Deshalb wurden schon in der Vergangenheit Anstrengungen unternommen, einen Kompetenzkatalog zu erstellen. Dabei nahm die Personalentwicklung eine reaktive Stellung ein und handelte auf Anfragen einzelner Abteilungen. Das Problem der fehlenden bereichsübergreifenden Konsistenz der Mitarbeiterprofile und die fehlende Pflege der Mitarbeiterdaten veranlasste die Unternehmensführung zum Handeln.

Entwicklung des Kompetenzmanagementsystems

Es wurde mit der Entwicklung eines systematischen, für alle Abteilungen verbindlichen Kompetenzmanagementsystems zur Umsetzung der Unternehmensstrategie begonnen. Ziel bis 2005 ist es, einen konzernweiten Kompetenzkatalog nach strategischen Gesichtspunkten zu definieren, der eine optimale interne Allokation der Mitarbeiterkompetenzen ermöglicht.

Unternehmen C beauftragte daher eine strategische Unternehmensberatung, welche mehrere empirische Studien zum Thema Kompetenzmanagement veröffentlichte. Im Mittelpunkt standen dabei vor allem das Einbringen der fachlichen und methodischen Expertise der Managementberatung bei der Konzeption und Implementierung eines neuen Kompetenzmanagementsystems. Die bereits aus der Vergangenheit stammenden Ansätze eines Kompetenzmanagementsystems dienten hierbei lediglich als Datenbasis.

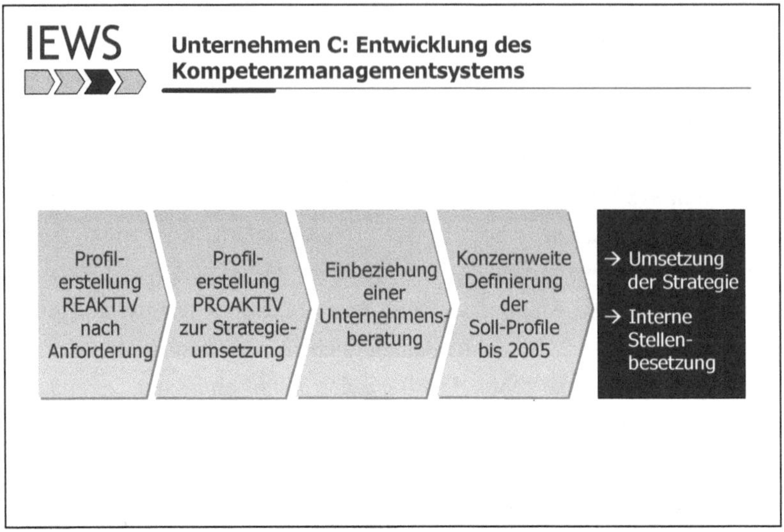

Abbildung 2.6: Entwicklung des Kompetenzmanagementsystems in Unternehmen C

Die bereits früher erstellten Soll-Profile wurden durch die neue Ausrichtung des Kompetenzmanagements von der Personalabteilung und den dafür zuständigen Bereichsleitern neu definiert. Bei neuen Anforderungsprofilen, d.h. noch nicht definierten Arbeitsplatzbeschreibungen wurde ebenfalls zwischen Personalabteilung und dem für diesen Bereich zuständigen Mitarbeitern ein exakt definierter Kompetenzkatalog festgelegt. Die zu erreichende Ausprägung der einzelnen Kompetenzen, die beispielsweise für eine Mitarbeiterbeurteilung unerlässlich ist, wird von Führungskräften, die in der Hierarchie eine bis zwei Ebenen höher positioniert sind, festgelegt.

Soll-Profile

Unternehmen C definiert die Kompetenzen jedes Mitarbeiters durch das in der Zukunft verlangte Wissen, die geforderten Fähigkeiten und die gestellten Ansprüche an das Verhalten im Unternehmen, was mehr oder weniger mit einer Beschreibung der sozialen Kompetenz übereinkommt.

Die Bereiche Sozial/Führung und Methodisch/Fachlich stellen die Kernkompetenzen dar und sind für jeden Mitarbeiter im Unternehmen C identisch. Der Bereich Sozial/Führung umfasst folgende Punkte:

- Kundenorientierung
- Sozialverhalten
- Planung und Organisation
- Veränderungsverhalten
- Unternehmerisches Handeln
- Zielvereinbarung und Arbeitsorganisation
- Weiterentwicklung der Mitarbeiter

Es wird bei Unternehmen C zwischen leitenden Angestellten (Projektleiter und Manager) und den übrigen Mitarbeitern bezüglich der Anzahl der Kernkompetenzen im Bereich Sozial/ Führung unterschieden. Während für die erste Gruppe alle sieben Kernkompetenzen definiert sind, entfallen für die anderen Mitarbeiter die beiden letzten Kompetenzen Zielvereinbarung und Arbeitsorganisation sowie die Weiterentwicklung der Mitarbeiter.

Im Methodisch/Fachlichen Kompetenzbereich werden die folgenden Kompetenzen gemessen. Hier wurde von Unternehmen C keine Differenzierung bezüglich der Anzahl der Kernkompetenzen zwischen leitenden Angestellten und Mitarbeitern vorgenommen.

- Fachlich-inhaltliche Kompetenzen
- Methodische Kompetenzen
- DV-Systeme
- Unternehmens- und Prozesskompetenz
- Fremdsprachenkompetenz

Bewertung der Kompetenzen
Es existieren vier Abstufungsgrade für die Bewertung der Kompetenzen. Die Kriterien für das Erreichen einer Ausprägung werden vom jeweiligen direkten Vorgesetzen festgelegt. Den Ausprägungsgraden sind folgende Definitionen zugrunde gelegt:

- *1:* Der Mitarbeiter hat grundlegende/erste Erfahrung in der Umsetzung dieser Kompetenz in Standardsituationen.

- *2:* Der Mitarbeiter hat Übung in der Umsetzung dieser Kompetenz in Standard-situationen. Er kann schwierige/komplexe Situationen mit Unterstützung meistern.

- *3:* Der Mitarbeiter ist in komplexen/herausfordernden Situationen sicher in der Umsetzung dieser Kompetenz.

- *4:* Der Mitarbeiter beherrscht diese Kompetenz vollständig und kann alle Aspekte und Teilaspekte sicher anwenden. Er ist Experte auf diesem Gebiet und kann für Schulungsmaßnahmen herangezogen werden.

Dabei ist es auch hier sehr von Bedeutung, dass das Soll-Profil, das als Vorgabe für den Mitarbeiter gilt, sehr genau auf die Abteilung zugeschnitten und definiert ist. Die Soll-Profile werden alle zwei Jahre überarbeitet, überprüft und gegebenenfalls aktualisiert.

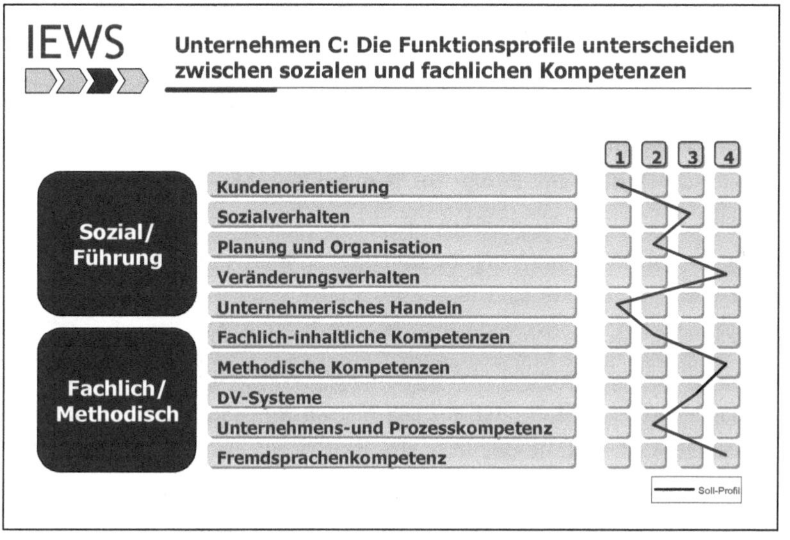

Abbildung 2.7: Beispielansicht der Soll-Profile im Unternehmen C

Ist-Profile

Unternehmen C arbeitet zurzeit lediglich mit Soll-Profilen, da die zentrale Erfassung und Erstellung von Ist-Profilen der Mitarbeiter noch nicht vom Betriebsrat genehmigt worden ist. Die Arbeitnehmervertreter sehen durch die Erfassung personenbezogener Daten die Gefahr, dass damit ein „gläserner" Mitarbeiter entstehen und dem Management ein Machtinstrument in die Hand gegeben werden würde, das zum Nachteil der Mitarbeiter eingesetzt werden könnte.

Aus diesem Grund kann Unternehmen C nur anhand von Soll-Profilen z.B. interne Stellenbesetzungen vornehmen. Dabei wird verglichen, welches der vorhandenen Soll-Profile am besten zu den gewünschten Anforderungen passt. Damit wird das Auswahlverfahren auf diejenigen Mitarbeiter beschränkt, die genau dieses Soll-Profil als Vorgabe im Unternehmen aufweisen.

Durch das Fehlen der Ist-Profile lassen sich die vorhandenen Kompetenzen nicht sinnvoll aggregiert darstellen. Folglich lassen sich keine Aussagen über den Kompetenzstand der Mitarbeiter auf Berufsgruppen- und Prozessebene machen. Dem Management entfällt dadurch ein Instrument zur Überprüfung der momentanen Leistungsfähigkeit von Berufsgruppen, Abteilungen und Prozessen innerhalb des Unternehmens.

Folglich ist es für Unternehmen C zurzeit nicht möglich, durch das Kompetenzmanagementsystem Potentiale bei Mitarbeitern aufzudecken oder gezielt daraus abgeleitete Schulungen den Mitarbeitern anzubieten. Den Mehrwert sieht Unternehmen C allerdings in einer gezielten externen und internen Stellenausschreibung anhand der definierten Soll-Profile. Es ist geplant, mit diesen Profilen eine interne Jobbörse aufzubauen, die jeder Abteilung gewährleisten soll, dass sie die mit dem gewünschten Soll-Profil ausgestatteten Mitarbeiter beschäftigen können. Darüber hinaus besteht die Möglichkeit, Teams für Projekte anhand von Soll-Profilen zusammen zu stellen.

Im Allgemeinen geht Unternehmen C also davon aus, dass die Mitarbeiter die Soll-Profile weitestgehend erfüllen. Somit können die Soll-Profile als Substitut für die nicht vorhandenen Ist-Profile genommen werden.

Mitarbeitergespräch

Es finden regelmäßig Mitarbeitergespräche statt, bei denen das Soll-Profil als Leitfaden dient. Dabei werden ebenfalls Schwachstellen und Potentiale der einzelnen Mitarbeiter besprochen, die zwar schriftlich festgehalten werden, aber nicht wie bei einem Kompetenzmanagementsystem üblich, zentral abgespeichert werden. Der direkte Vorgesetzte hat somit trotz allem einen guten Überblick über den Kompetenzstand seiner Mitarbeiter. Somit können auch individuelle, nicht vom Kompetenzmanagementsystem vorgegebene Schulungsmaßnahmen vereinbart werden können.

Mehrwert für das Unternehmen durch das Kompetenzmanagementsystem

Das Kompetenzmanagementsystem stellt als top-down Ansatz einen mittel- bis langfristig festen und wichtigen Bestandteil zur Umsetzung der Unternehmensstrategie dar. Eine Vergleichbarkeit der Mitarbeiter ist zum Teil gewährleistet, da die definierten Kernkompetenzen Sozial/Führung und Methodisch/Fachlich für alle Mitarbeiter gleich definiert werden und nur in der Anzahl zwischen leitenden Angestellten und sonstigen Mitarbeitern eine Differenzierung vorgenommen wird. Diese Vergleichbarkeit beschränkt sich allerdings auf Abteilungsebene, da Bewertungen nicht zentral gespeichert werden und somit nicht einsehbar sind. Durch die exakt definierten Soll-Profile wurden gezielte interne und externe Stellenausschreibungen ermöglicht. Anhand der Soll-Profile können auch heterogene Projektteams zusammengestellt werden und nach Mitarbeiter mit bestimmten Profilen „gescannt“ werden.

Schwächen des Kompetenzentwicklungssystems
Eindeutig hervorzuheben ist die Tatsache, dass sich Unternehmen C nicht mit dem Betriebsrat auf die elektronische Speicherung von Ist-Profilen einigen konnte. Dadurch können Mitarbeiter nur nach ihrem Soll-Profil eingeschätzt werden. Zwar sind so trotzdem einige Möglichkeiten des Kompetenzmanagements nutzbar, jedoch können zahlreiche Analysen nicht durchgeführt werden. Des Weiteren ist die Qualität aller Ergebnisse, die aus den Soll-Profilen abgeleitet werden, davon abhängig, in wie weit die Mitarbeiter das jeweilige Soll-Profil tatsächlich erfüllen. Daher machen Aussagen über Prozesse und Abteilungen in diesem System nur wenig Sinn.

Auch können Potentiale bei Mitarbeitern durch dieses System nicht automatisch entdeckt werden. Die Ergebnisse des Mitarbeitergespräches werden nicht zentral erfasst. Das Kompetenzmanagementsystem in Unternehmen C wird zurzeit von keiner einheitlichen Software unterstützt, geplant ist eine Anbindung an das bestehende SAP System.

Zusammenfassend lässt sich sagen, dass Unternehmen C aufgrund der rechtlichen Einschränkungen zurzeit nur über „Umwege" Mehrwert durch das System generieren kann. Das volle Potential kann es in dieser Situation aufgrund der fehlenden Zustimmung des Betriebsrates nicht ausschöpfen.

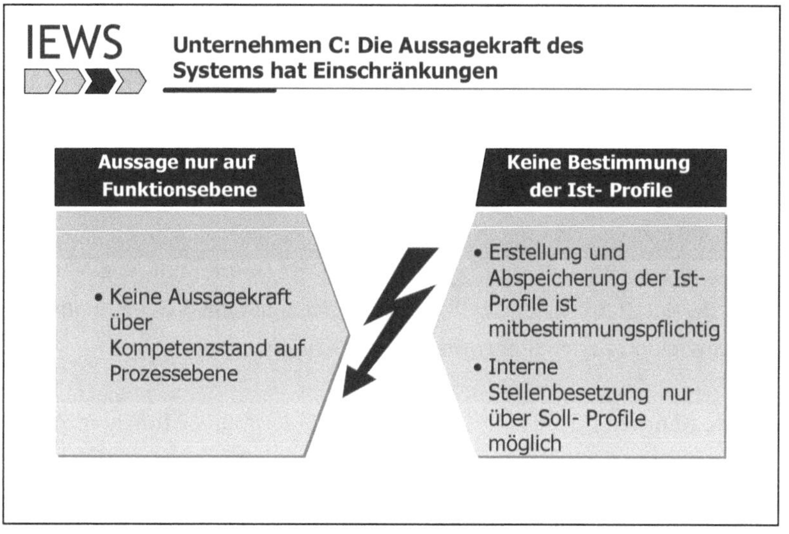

Abbildung 2.8: Einschränkungen im System von Unternehmen C

2.2.4. Unternehmen D

Rahmenbedingungen

Unternehmen D ist mit seinen rund 100.000 Mitarbeitern ein weltweit operierender Automobilhersteller. Das Kompetenzmanagementsystem bei Unternehmen D dient ausschließlich einer Werkseinführung und dem daraus abgeleiteten Ziel, alle dort eingestellten Mitarbeiter bis zum Produktionsstart für ihre Aufgaben zu qualifizieren. Da dieses Projekt somit zeitlich und auch räumlich begrenzt ist und als Ziel die Qualifizierung, nicht die Beurteilung von Mitarbeitern hat, liegt der Hauptfokus dieses Kompetenzmanagementsystems hauptsächlich auf der Entwicklung noch nicht vorhandener Kompetenzen.

Die Entwicklungszeit für das System nahm insgesamt drei Monate in Anspruch, wobei angemerkt werden muss, dass viele der benötigten Soll-Kompetenzen in Anlehnung an vorherige Werkseinführungen verwendet werden konnten. Die abweichenden oder ergänzenden Soll-Kompetenzen, die sich sowohl aus fachlichen, methodischen und sozialen Kompetenzen zusammensetzen, wurden in Zusammenarbeit zwischen der zentralen Personalentwicklung und den jeweiligen Meistern bzw. Vorgesetzen definiert, wobei die Personalentwicklung die Lenkungsfunktion wahrnimmt. Unternehmen D setzt das System in einer Access Datenbank um, die allerdings nicht die nötige Sicherheit bietet, die eine professionelle Datenbank erfordert. Das Problem bei der zur Zeit angewendeten Access Datenbank besteht insbesondere darin, dass nicht wie bei einem Client-Server-Konzept die Abfragen, Formulare und Berichte von einem zentralen Rechner ausgeführt werden, sondern individuell von jedem Anwender die Daten gelöscht oder bearbeitet werden können. Das bedeutet, dass ein Synchronisationsproblem besteht, wenn mehrere Benutzer auf denselben Datensatz zugreifen.

Unternehmen D bemängelte gerade während der „heißen Phase“ der Werkseinführung, dass das System nur sehr langsam und instabil dem Anwender zur Verfügung stand. Zu diesem Zeitpunkt waren die Meister und anderen Vorgesetzten angehalten, sich kontinuierlich um die Pflege der Mitarbeiter-Kompetenzprofile zu kümmern, was einen verstärkten Zugriff von verschiedenen Benutzern gleichzeitig auf die Datenbank zur Folge hatte.

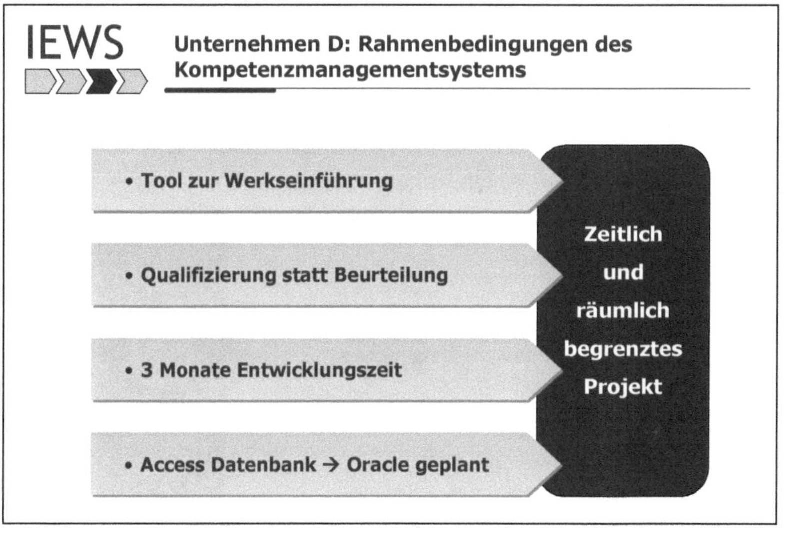

Abbildung 2.9: Rahmenbedingungen im Unternehmen D

Umsetzung

Unternehmen D visualisiert das Kompetenzmanagementsystem mit einer Übersichtsmaske, die es jedem Anwender ermöglicht, auf einer Menüleiste verschiedene Informationen zu Mitarbeitern, Prozessen, Berufsgruppen, Kompetenzprofilen, Gap-Analysen, Mitarbeitergesprächen und Schulungen abzurufen. Die einzelnen Punkte werden im Folgenden genauer beschrieben.

Mitarbeiterübersicht

Die Mitarbeiterübersicht beinhaltet alle personenbezogenen Daten und zeigt exakt auf, in welcher Abteilung und in welcher Berufsgruppe der aufgeführte Mitarbeiter arbeitet. Zusätzlich verfügt jeder Mitarbeiter über seine individuelle Ampel, die darstellt, inwieweit er die an ihn gestellten Kompetenzanforderungen in der Summe erfüllt.

Abbildung 2.10: Beispielansicht Mitarbeiterübersicht im Unternehmen D

Berufsgruppen- und Prozessübersicht

Bei der Berufsgruppenübersicht sind alle einer gleichen Berufsgruppe angehörigen Mitarbeiter zusammengefasst, während bei der Prozessübersicht alle an einem Prozess beteiligten Mitarbeiter berücksichtigt werden. Diese Aggregation bietet einen hohen Mehrwert, da sich das Management einen schnellen Überblick über die aggregierten Mitarbeiterkompetenzen in den verschiedenen Berufsgruppen oder Prozessen verschaffen kann. Daraus ergibt sich ebenfalls die Möglichkeit, Schwachstellen und Kostentreiber im Unternehmen zu lokalisieren, wodurch das Management zur richtigen Zeit gegen steuern kann. Zur Visualisierung der Kompetenzen innerhalb der Berufsgruppen und Prozesse, ist eine Ampeldarstellung ebenfalls einsetzbar, um Informationen darüber zu erhalten, in welcher Ausprägung die Soll-Anforderungen insgesamt erfüllt werden.

Ampeldarstellung

- *Grün*

  Der Mitarbeiter, die Berufsgruppe oder der Prozess erfüllt in der Summe mehr als 90% der Soll-Anforderungen.

- *Gelb*

  Der Mitarbeiter, die Berufsgruppe oder der Prozess erfüllt in der Summe zwischen 60% und 90% der Soll-Anforderungen. Das bedeutet, dass der Mitarbeiter oder die Berufsgruppe zu frieden stellende Leistung erbringen, bzw. der Prozess zu frieden stellend umgesetzt wird. Jedoch muss durch Schulungs- und/oder Weiterbildungsmaßnahmen versucht werden, die Soll-Anforderungen in naher Zukunft auf mindestens 90% zu verbessern.

- *Rot*
  Der Mitarbeiter, die Berufsgruppe oder der Prozess erfüllt in der Summe weniger als 60% der Soll-Anforderungen. In dieser Situation ist eine zu frieden stellende Qualität der Arbeitsergebnisse in der Regel nicht mehr gewährleistet. Es muss genau analysiert werden, wie die Kompetenzlücke geschlossen werden kann; sollte mit Schulungs- und/oder Weiterbildungsmaßnahmen in naher Zukunft kein zu frieden stellendes Ergebnis erreicht werden, so ist über die Umbesetzung von Stellen oder Neueinstellungen nachzudenken.

Kompetenzprofil
Für jeden Mitarbeiter bzw. jede Berufsgruppe wird ein Kompetenzprofil mit den zugehörigen Soll- und Ist-Kompetenzen ermittelt. Viele der benötigten Kompetenzen wurden bereits bei vorangegangen Werkseinführungen definiert und mussten nur angepasst werden. Das Erstellen des Kompetenzkataloges nahm aus diesem Grund verhältnismäßig wenig Arbeitszeit in Anspruch.

Für jeden Mitarbeiter definiert Unternehmen D acht bis zehn Hauptkompetenzen, so genannte Cluster, die dann in Unterkompetenzen aufgegliedert werden. Die Anzahl an Kompetenzen, die für jeden Mitarbeiter individuell gelten, variieren sehr stark und hängen von seinem Arbeitsplatz ab. Allerdings umfasst jedes Kompetenzprofil insgesamt mindestens 50 Einzelkompetenzen. Gemessen werden die Kompetenzen auf einer Skala von 1 bis 5, wobei 1 in diesem Fall nicht relevant, d.h. keine Kenntnisse erforderlich bedeutet und 5 besonders ausgeprägt, d.h. Expertenkenntnisse meint.

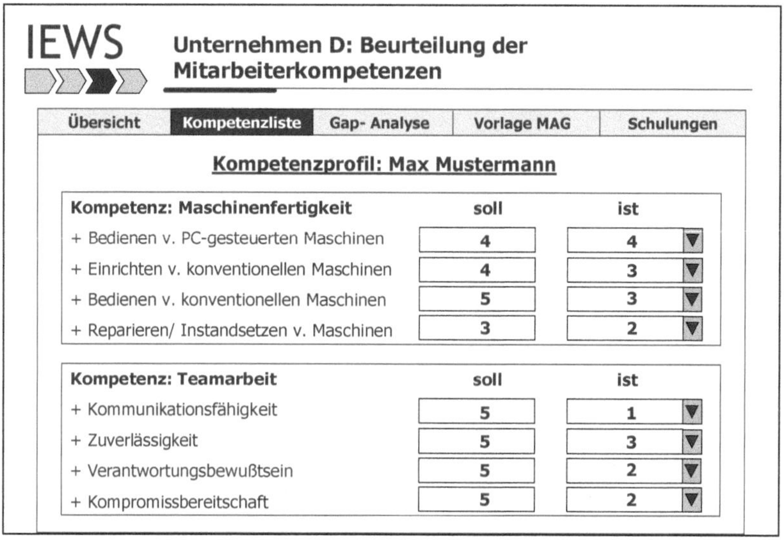

Abbildung 2.11: Beispielansicht Kompetenzbewertung im Unternehmen D

Soll-Kompetenzen

In internen Arbeitskreisen zwischen Personalentwicklung, Meistern und Mitarbeitern wird bestimmt, welche Fertigkeiten und Kenntnisse für das Erreichen einer Stufe (1-5) nötig sind. Auch die Abstufungen zwischen den verschiedenen Stufen müssen dabei präzise definiert werden, um Fehlinterpretationen bei der Bewertung zu vermeiden.

Die Bestimmung der Soll-Profile wird bei den homogenen Berufsbildern auf Berufsgruppenebene durchgeführt, d.h. dass beispielsweise für alle Instandhalter die gleichen Soll-Profile gelten. Das hat den Vorteil, dass die Mitarbeiter der Berufsgruppen, welche durchaus auch in verschiedenen Bereichen tätig sein können, untereinander vergleichbar sind und an sie einheitliche Erwartungen gestellt werden. Es gelten also dieselben Bedingungen für den Schlosser in der Fertigung und in der Montage. Dem Management wird durch Aggregation ebenfalls sehr schnell ersichtlich, wie gut der Ausbildungsstand der einzelnen Berufsgruppen ist.

Ausnahmen bilden die heterogenen Gruppen. Für diese Mitarbeiter, die in jeder Abteilung speziell zugeschnittene Aufgaben ausführen, bestehen individuelle Soll-Profile mit unterschiedlichen Ausprägungen, die von der Personalentwicklung in Zusammenarbeit mit den Meistern und Mitarbeitern individuell definiert werden.

Ist-Kompetenzen

Vier Wochen nach Einstellung findet das erste qualifizierte Mitarbeitergespräch zwischen dem Vorgesetzten und dem Mitarbeiter statt. Beide bestimmen gemeinsam die Ist-Kompetenzen, die der Mitarbeiter aufweist. Dieses Gespräch dient dazu, anhand der bisherigen Beobachtung und anhand der Ausbildung individuell bei jedem Mitarbeiter die Ausprägung der vorhandenen Kompetenzen festzustellen und einen Entwicklungsweg zu definieren. Im Anschluss daran finden alle drei Monate Mitarbeitergespräche statt, um eine zielgerichtete Entwicklung des Mitarbeiters zu gewährleisten.

Lernkurve

Da das Kompetenzmanagementsystem von Unternehmen D zur Schulung neu eingestellter Mitarbeiter gedacht ist und ausschließlich der Werkseinführung dient, ist für jeden Mitarbeiter eine Lernkurve hinterlegt, die bestimmt, wie viel Prozent der geforderten Soll-Kompetenz der Mitarbeiter zum jeweiligen Zeitpunkt erreichen muss (Abbildung 2.12). So kann von einem neu eingestellten Mitarbeiter nicht erwartet werden, dass er sofort das an ihn gestellte Anforderungsprofil zu 100% aufweist. Aus diesem Grund muss dieser nach 3 Monaten 40% der Soll-Kompetenzen und erst nach 12 bis 18 Monaten die vollen 100% erreichen. Die Ausprägung der Lernkurve wird wiederum zwischen dem Vorgesetzten und dem Mitarbeiter zusammen festgelegt und richtet sich nach dem bisherigen Lernerfolg, der Ausbildung und dem Schwierigkeitsgrad der Arbeit.

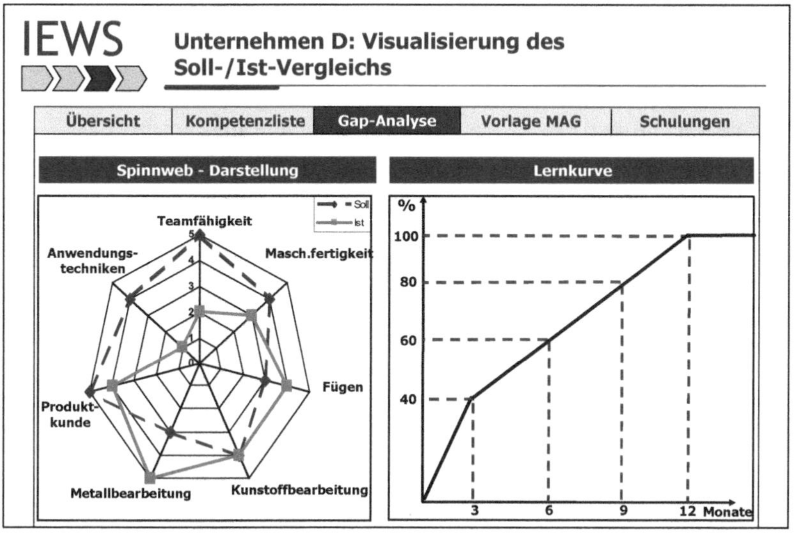

Abbildung 2.12: Gap-Analyse und Lernkurve im Unternehmen D

Gap-Analyse

Die Abweichungen zwischen dem vorgegebenen Soll Profil und dem vom Mitarbeiter erreichten Ist- Profil lassen sich mit Hilfe einer Spinnweb-Darstellung visualisieren und verdeutlichen auf einen Blick die Schwachstellen und Potentiale, die jeder Mitarbeiter aufweist (Abbildung 2.12). Dargestellt werden jeweils nur die Hauptkompetenzen: Hier bestimmt die Summe der Einzelkompetenzen die Ausprägung des Clusters. In der Spinnweb-Darstellung, in der das Soll- und Ist-Profil übereinander gelegt werden, wird schnell ersichtlich, in welchem Cluster der Mitarbeiter seine Stärken oder Schwächen hat.

Potentialanalyse

Liegt die Ist-Kompetenz eines Mitarbeiters über seiner vom Unternehmen vorgegebenen Soll-Kompetenz, so besitzt er in diesem Bereich Potentiale oder ist eventuell überqualifiziert. In diesem Fall besteht die Möglichkeit, den Mitarbeiter in eine für ihn und das Unternehmen passendere und anspruchsvollere Abteilung oder Position zu versetzen. Allerdings baut das Kompetenzmanagementsystem von Unternehmen D nicht in erster Linie auf der Potentialanalyse auf, sondern verfolgt, wie bereits erwähnt, das primäre Ziel, die Mitarbeiter bis zur Werkseinführung 2005 in ihrem Aufgabenbereich auf den Produktionsstart vorzubereiten.

Schwächenanalyse

Erreicht ein Mitarbeiter das an ihn gestellte Anforderungs- oder Soll-Profil in einem oder mehreren Kompetenzclustern nicht, wird zwischen Vorgesetztem und Mitarbeiter erörtert, worin die Ursachen für diese Abweichungen liegen könnten. Neben Motivations- oder Einstellungsproblemen kann die Ursache auch in fehlender fachlicher Kompetenz liegen, die es dem Mitarbeiter nicht ermöglicht, die von ihm geforderte Leistung zu erbringen.

Schulungsmaßnahmen

Im Falle einer Kompetenzlücke können Schulungsmaßnahmen vereinbart werden, die der Mitarbeiter zu besuchen hat. Es besteht bei Unternehmen D die Möglichkeit, direkt online auf Schulungen zuzugreifen und Reservierungen vorzunehmen. Nach Abschluss einer Schulungsmaßnahme wird die Teilnahme des Mitarbeiters ebenfalls vom System angezeigt.

Mitarbeitergespräch

Beim Mitarbeitergespräch hat der Vorgesetzte die Möglichkeit, auf die Historie der Ist-Werte des Mitarbeiters zurückzugreifen, um die individuelle Entwicklung nachzuvollziehen. Zusätzlich werden die Zielvereinbarungen, die im letzten Mitarbeitergespräch vereinbart wurden, besprochen und auf ihre Umsetzung hin überprüft. Am Ende jedes Mitarbeitergesprächs wird eine neue Zielvereinbarung, die individuell zwischen Vorgesetztem und Mitarbeiter vereinbart wird, unterschrieben.

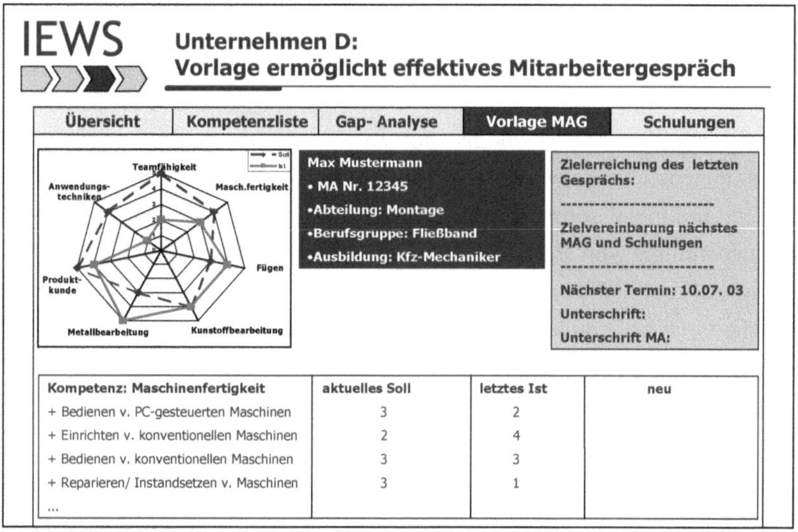

Abbildung 2.13: Vorlage Mitarbeitergespräch im Unternehmen D

Mehrwert für das Unternehmen durch das Kompetenzmanagementsystem

Durch die festgelegte Lernkurve ist das Kompetenzmanagementsystem sehr realitätsnah konzipiert. Es wird berücksichtigt, dass von einem neu eingestellten, ungelernten Mitarbeiter nicht erwartet werden kann, dass er die an ihn gestellten Anforderungen von Anfang an zu 100% erfüllt. Die Aggregation sowohl auf Berufsgruppen- und Prozessebene ermöglicht dem Management eine ständige Überprüfung der momentanen Leistungsfähigkeit der Mitarbeiter, der Berufsgruppen und der Prozesse innerhalb des Unternehmens und deckt so vorhandene Schwachstellen auf.

Das Tool ist sehr benutzerfreundlich konzipiert und bietet dem Anwender eine Visualisierungsmöglichkeit auf zwei Ebenen an: durch die Ampeldarstellung ist es einerseits möglich, auf einen Blick zu erfassen, inwieweit der Mitarbeiter, die Berufsgruppe oder der Prozess die an sie gestellten Anforderungen erfüllen; andererseits bietet die Kompetenzübersicht und die Spinnweb-Darstellung die Möglichkeit, detailliert Aussagen zu Stärken und Schwächen des Mitarbeiters, der Berufsgruppe oder des Prozesses zu geben. Zudem hat der Vorgesetzte die Möglichkeit, Reservierungen für Schulungsmaßnahmen direkt online durchzuführen.

Schwächen des Kompetenzmanagementsystems
Das Kompetenzmanagementsystem wird ausschließlich zur Werkseinführung verwendet und bietet somit keine Synergien hinsichtlich einer überbetrieblichen Zusammenstellung von Projektteams. Das System bringt für das Unternehmen in Bezug auf die Werkseinführung zwar erheblichen Mehrwert, jedoch werden erhebliche Potenziale außer Acht gelassen, die entstehen würden, wenn das System kontinuierlich für alle Mitarbeiter genutzt werden würde. Es wird sichergestellt, dass die Mitarbeiter des neuen Werkes bei der Einführung auf optimalem Kompetenzstand sind, jedoch kann auf Änderungen an die Anforderungen, die im Laufe der Zeit entstehen, nicht systematisch und pro-aktiv reagiert werden.

Weiterhin sind den Bewertungsmaßstäbe für die Kompetenzen weder Definitionen noch Erläuterungen hinterlegt, so dass die Gefahr besteht, dass Kompetenzen und deren Bewertungen im Zweifelsfall unterschiedlich interpretiert werden.

Außerdem hat sich herausgestellt, dass die Zugriffszeit auf das System bei zurzeit 400 von den geplanten 5.000 eingespeisten Datensätzen, bereits sehr langsam ist. Es ist angedacht, auf ein professionelles Datenbanksystem umzusteigen.

2.2.5. Unternehmen E

Rahmenbedingungen

Bei Unternehmen E handelt es sich um einen führenden Automobilzulieferer mit über 100.000 Mitarbeitern in Deutschland, welcher dezentral mit einer Vielzahl von Produktionsstandorten organisiert ist. Unternehmen E hat sich bewusst gegen die IT-technische Implementierung eines Kompetenzmanagementsystems entschieden. Dies wird damit begründet, dass in der Produktion sehr viele verschiedene Berufsbilder vorkommen, und dass sich die Tätigkeiten innerhalb eines Berufsbildes im Laufe der Zeit sehr stark verändern können. In Folge dessen sei erstens der Aufwand zu groß, sämtliche Kompetenzprofile für die Berufsbilder und die einzelnen Mitarbeiter zu erstellen. Zweitens erscheint den Personalentwicklern des Unternehmens E das Arbeiten mit Kompetenzprofilen zu unflexibel, um den dynamischen Marktgegebenheiten gerecht zu werden. Sowohl der Kompetenzkatalog als auch die Kompetenzprofile der Berufsgruppen müssen einer kontinuierlichen Aktualisierung unterzogen werden, um zielführend eingesetzt werden zu können. Dies überschreite für Unternehmen E sowohl den finanziellen als auch den zeitlichen Rahmen.

Beschreibung des Kompetenzmanagementsystems

Aufgrund oben genannter Argumente hat sich Unternehmen E für einen pragmatischen und unsystematischen Kompetenzmanagement-Ansatz entschieden. Auf traditionellem Wege wird, sobald eine Stelle zu besetzen ist, eine Stellenausschreibung erstellt. Das Kompetenzprofil der zu besetzenden Stelle bzw. die Anforderungen an potenzielle Bewerber werden individuell erstellt und in der Stellenbeschreibung erläutert. Anhand von Vorstellungsgesprächen wird der Bewerber mit dem adäquatesten Profil eingestellt. Die weitere Entwicklung der Mitarbeiter findet in Form von zwei institutionalisierten Personalgesprächen statt: dem „Mitarbeitergespräch“ und der „Mitarbeiterentwicklungsvorbereitung“.

Das Mitarbeitergespräch findet einmal jährlich zwischen dem Mitarbeiter und dem direkten Vorgesetzten statt. Hierbei werden neue Ziele für das nächste Jahr vereinbart und der Zielerreichungsgrad der alten Ziele diskutiert. Zusammen mit dem Mitarbeiter werden darüber hinaus seine Entwicklungsperspektiven diskutiert.

Die Mitarbeiterentwicklungsvorbereitung ist ein Gespräch, welches zwischen dem Vorgesetzen und einem Personalentwickler unter Ausschluss des betroffenen Mitarbeiters stattfindet. Ziel ist es, in erster Linie herauszufinden, inwieweit der Mitarbeiter mit seinen Kompetenzen den Anforderungen seiner ausgeübten Tätigkeit gerecht wird. Hierdurch soll eine Über- bzw. Unterqualifikation des Mitarbeiters identifiziert werden. Folge hieraus könnte eine Versetzung an einen geeigneten Arbeitsplatz oder eine Weiterbildungsmaßnahme sein. Anhand der Ergebnisse der beiden Gespräche wird der konkrete Qualifizierungsbedarf des Mitarbeiters in Absprache mit diesem ermittelt und mit dem internen Schulungsangebot abgeglichen.

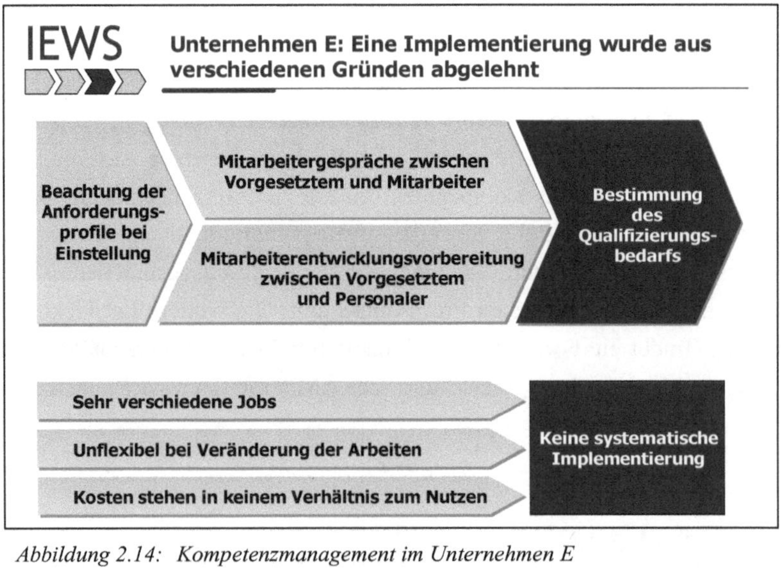

Abbildung 2.14: Kompetenzmanagement im Unternehmen E

Bewertung des Kompetenzmanagementsystems

Unternehmen E hat größere Investitionen vermieden, welche zur Implementierung eines Kompetenzmanagementsystems nötig gewesen wären, kann dafür allerdings keine fundierten Aussagen über die vorhanden Kompetenzen auf Konzernebene treffen. Der Schulungsbedarf wird nur mit Blick auf die Abteilung und die Mitarbeiterwünsche bestimmt und kann nur schwer von der Unternehmensstrategie abgeleitet werden. Eine interne Stellenbesetzung anhand von Kompetenzprofilen der Mitarbeiter ist daher nicht möglich, weshalb Stellenausschreibungen und Bewerbungsgespräche sowohl für externe als auch für interne Bewerber identisch sind. Die Vorteile, die ein Kompetenzmanagementsystem beispielsweise durch ein wirtschaftlicheres Scannen der Mitarbeiterprofile bieten würde, fallen hier völlig aus. Gerade bei komplexen und dezentral organisierten Unternehmen wie bei Unternehmen E kann ein Kompetenzmanagementsystem helfen, größere Homogenität zwischen den einzelnen Bereichen und Produktionswerken herzustellen, indem die Unternehmensstrategie sowie die personalentwicklungsspezifischen Prozesse in gleicher Weise umgesetzt werden.

2.3. Fazit der Analyse

Die Benchmarkanalyse hat gezeigt, dass jedes Unternehmen seinen individuellen Ansatz bei der Auseinandersetzung mit dem Thema Kompetenzmanagement entwickelt hat. Die Modelle unterscheiden sich grundsätzlich in folgenden Punkten:

- *Entstehung und Rahmenbedingungen des Systems*
  Manche Systeme haben sich nach und nach innerhalb des Unternehmens entwickelt, während andere konkret für bestimmte Projekte systematisch geplant oder mit externer Hilfe entworfen wurden.

- *Reichweite im Unternehmen*
  Analog zu ihrer Entstehung unterscheiden sich die Systeme auch in ihrer Reichweite. Sie betreffen entweder nur bestimmte Abteilungen, alle Abteilungen eines bestimmten (neuen) Standortes des Unternehmens oder in manchen Fällen das ganze Unternehmen (dann jedoch meistens in begrenztem Umfang).

- *Eingabe der Daten*
  Die Dateneingabe kann entweder dem Vorgesetzten vorbehalten bleiben oder von den Mitarbeitern direkt vorgenommen werden. Ein weiteres Kriterium ist der Zeitpunkt beziehungsweise die Regelmäßigkeit der Eingabe. Sie kann entweder zu Stichtagen (z.B. Tag des Mitarbeitergespräches) oder kontinuierlich erfolgen.

- *Umfang der Daten*
  Der Umfang der eingegeben Daten stellt das größte Unterscheidungsmerkmal der untersuchten Systeme dar. Er reicht von einer auf Soll-Werte reduzierten Erfassung über die Unterscheidung Kompetenz, ob Kompetenzen erfüllt, nicht erfüllt oder der Aufbau einer Kompetenz geplant ist, bis zu den komplexen Systemen mit Kompetenzclustern, Bewertung in differenzierten Stufen, Aggregationsmöglichkeiten und grafischer Darstellung.

Keines der untersuchten Systeme stellt die universelle und optimale Lösung des Kompetenzmanagements dar. Allerdings lassen sich bezüglich der Aussagekraft und der Effizienz eindeutige Aussagen treffen:

Ein System, welches die im ersten Kapitel genannten unternehmensweiten und strategischen Aspekte berücksichtigen soll, muss in jedem Fall weiterführende Komponenten wie Aggregationen und grafische Darstellungen beinhalten. Bei der Einführung des Systems kann man sich selbstverständlich auf eine Pilotabteilung oder einen Standort konzentrieren, mittelfristiges Ziel sollte aber auf jeden Fall die unternehmensweite Implementierung sein.

Für die Dateneingabe lassen sich Vor- und Nachteile für alle untersuchten Methoden (Mitarbeiter vs. Vorgesetzter, periodisch vs. kontinuierlich) finden. Aus Gründen der Systematik empfehlen die Autoren dieser Studie allerdings die periodische (jährliche) Dateneingabe durch den Vorgesetzten. So wird einerseits garantiert, dass dieser den Gesamtüberblick über die Kompetenzprofile behält, was bei der strategischen Personal- und Fortbildungsplanung von großer Bedeutung ist, andererseits wird jedes Profil immer vollständig und mit derselben Regelmäßigkeit aktualisiert. Gerade in produzierenden Bereichen ist dies wahrscheinlich der beste Ansatz. In anderen Bereichen, in denen der Mitarbeiter generell eine höhere Eigenverantwortung in seiner Arbeit hat, ist durchaus ein komplexes System mit Selbstbewertungen genauso gut denkbar.

Diese Schlussfolgerungen und Empfehlungen wurden in das operative Beispielkonzept (Kapitel 4) und dem dieser Studie beiliegenden Excel-Tool eingearbeitet. Bei der konkreten Implementierung gibt es selbstverständlich weitere Aspekte zu beachten. Am Ende von Kapital 4 werden diese ausführlich angesprochen.

3. Risiken, Möglichkeiten und Mehrwert

Wie die Kapitel 1 und 2 verdeutlichen, ist die Einführung eines Kompetenzmanagementsystems nicht trivial, weshalb auch die einzelnen Unternehmen dieses Thema sehr unterschiedlich umsetzen. Um den Erfolg eines Kompetenzmanagementsystems im Unternehmen zu garantieren, werden im folgenden Kapitel Probleme und Risiken aufgezeigt, die bei der Implementierung berücksichtigt werden müssen. Außerdem werden anschließend noch einmal die Einsatzmöglichkeiten eines Kompetenzmanagementsystems und damit verbunden der Mehrwert für das Unternehmen hervorgehoben.

3.1. Kritische Erfolgsfaktoren eines Kompetenzmanagementsystems

Es gibt einige Risiken, deren Nichtbeachtung den Erfolg eines Kompetenzmanagementsystems stark gefährden. Zum Teil sind diese Punkte bereits in den vorangegangenen Kapiteln angesprochen worden, sollen hier jedoch nochmals weitergehend analysiert werden.

- *Einbeziehung der Strategie*
  Von höchster Priorität ist die Einbeziehung der Strategie in das Kompetenzmanagementsystem. Ein ständiger, gegenseitiger Austausch zwischen Unternehmensführung und Personalentwicklung ist daher unumgänglich. Dies verdeutlicht den hohen Anspruch, dem ein Kompetenzmanagementsystem gerecht werden muss. Es bietet sich daher an, regelmäßige Meetings zu organisieren, in denen mögliche Veränderungen in der Zukunft rechtzeitig besprochen werden. Der aktive Zuspruch des Vorstandes zu einem Kompetenzmanagementsystem ist notwendig, um die Einführung und Akzeptanz des Systems im Unternehmen zu garantieren.

- *IT-Umsetzung*
  Ein weiterer Erfolgsfaktor ist die adäquate Umsetzung von Kompetenzmanagement in der IT. Hier genügt es nicht, die Daten mithilfe der IT zu erfassen, sondern es sollten auch Verknüpfungen zu bereits bestehenden Datenbanken sowie dem Intra-/Internet möglich sein. Dies hat den Vorteil, dass z.B. Schulungen direkt online von der Abteilung gebucht werden können und nach deren Besuch diese Information wieder in das Kompetenzmanagementsystem einfließt. Eine enge Verknüpfung erhöht definitiv den Mehrwert eines Kompetenzmanagementsystems.

- *Akzeptanz von Vorgesetzten und Mitarbeiter*
  Der kritischste Punkt bei der Einführung eines Kompetenzmanagementsystems ist es, die Akzeptanz der Vorgesetzten und der Mitarbeiter zu gewinnen. Aus diesem Grund sollten sowohl Vorgesetzte als auch verschiedene Mitarbeiter in die Entwicklung des Systems mit eingebunden werden, um ihre Wünsche berücksichtigen zu können und somit die Angst vor dem „gläsernen Mitarbeiter" zu verhindern. Ebenso darf die Bewertung der Mitarbeiter nicht ausschließlich top-down erfolgen. Vielmehr handelt es sich hierbei um einen iterativen Prozess zwischen dem Vorgesetztem und dem Mitarbeiter, so dass dieser bei der Bestimmung seiner Kompetenzen sowie seiner Schulungswünsche mitwirken kann. Dies erhöht den Erfolg der durchgeführten Schulungen, steigert die Motivation der Mitarbeiter und verhindert aufkommende Unzufriedenheit im Zusammenhang mit dem Kompetenzmanagementsystem. Um den Interessen der Vorgesetzten Rechnung zu tragen, muss bei der Konzeption des Systems darauf geachtet werden, dass die Bewertung durch den Vorgesetzten sehr zügig und vor allem einfach durchgeführt werden kann. Handelt es sich nämlich um eine zu komplizierte oder langwierige Prozedur, dann verzichten viele auf die Durchführung der Bewertung bzw. versuchen, diese zu vereinfachen, was das Kompetenzmanagementsystem nutzlos macht.

- *Ständige Aktualisierung*
  Die Vernachlässigung der Bewertung und Aktualisierung des Kompetenzmanagementsystems stellt ein weiteres Risiko dar. Sowohl die Aufnahme der Ist-Kompetenzen, die Aktualisierung der Soll-Kompetenzen entsprechend der Strategie und der Soll/Ist-Abgleich müssen mindestens einmal jährlich durchgeführt werden. Wird diese Aktualisierung unterlassen, so fehlen einerseits die Zukunftsausrichtung und andererseits die passende Beurteilung der Mitarbeiter. Ein veraltetes System kann daher dem Unternehmen keinen Nutzen bringen.

- *Regelmäßiges Monitoring*
  Von großer Bedeutung ist neben der ständigen Aktualisierung der Daten auch das regelmäßige Monitoring. Es sollten Messinstrumente entwickelt werden, um den Fortschritt in den einzelnen Abteilungen zu überprüfen und den Erfolg von Schulungen und anderen Qualifizierungsmaßnahmen zu erfassen. Dies ermöglicht einerseits dem Mitarbeiter einen Überblick über seinen derzeitigen Bildungsstand und andererseits kann so der Qualifikationskatalog ständig optimiert werden.

- *Kosten*
  Der letzte Faktor, der bei der Einführung eines Kompetenzmanagementsystems beachtet werden sollte, sind die nicht unerheblichen Kosten. Besonders die Entwicklung des Systems, das erstmalige Erfassen der Ist- und Soll-Kompetenzen sowie die Konzeption der IT-Struktur sind mit einem gewissen Zeit- und Geldaufwand verbunden. Diese Aufwendungen amortisieren sich erst Jahre später, wenn sich das Kompetenzmanagementsystem im Unternehmen etabliert hat. Aber auch in den Folgejahren werden sich für das Unternehmen Kosten ergeben, da das System gepflegt werden muss und es eine verantwortliche Person für das Kompetenzmanagement geben sollte. Jedoch sind diese Ausgaben gegenüber dem Langzeitnutzen des Kompetenzmanagementsystems für das Unternehmen, auf den in 3.3 noch näher eingegangen wird, eher marginal.

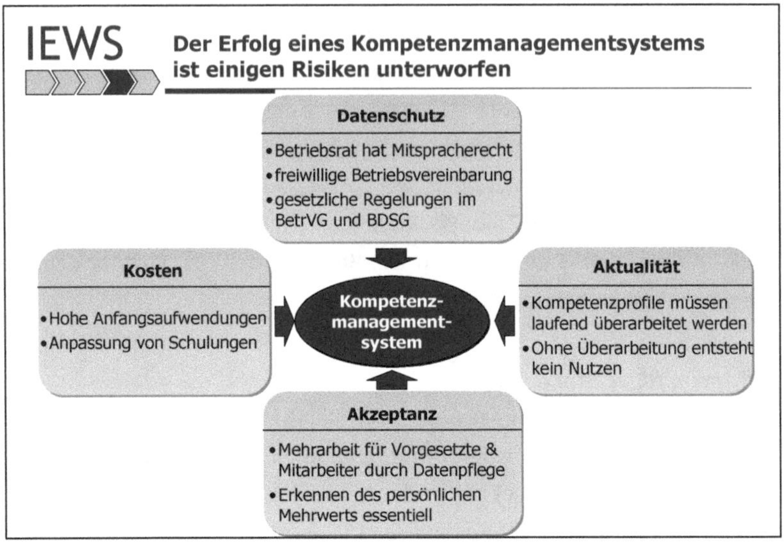

Abbildung 3.1: Kritische Faktoren eines Kompetenzmanagementsystems

3.2. Gesetzliche Regelungen zur IT-gestützten Umsetzung

Da das Kompetenzmanagementsystem im Regelfall mit Hilfe der IT systematisiert wird, müssen bei der Umsetzung gesetzliche Regelungen im Betriebsverfassungsgesetz (BetrVG) und im Bundesdatenschutzgesetz (BDSG) beachtet werden. Der Grund für diese gesetzlichen Regelungen liegt in der elektronischen, personenbezogenen Speicherung von leistungsrelevanten Mitarbeiterdaten. Durch diese gesetzlichen Regelungen soll verhindert werden, dass diese Informationen zum Nachteil der einzelnen Mitarbeiter eingesetzt werden.

Im BetrVG ist geregelt, dass die Einführung von Personalinformationssystemen grundsätzlich der Mitbestimmung durch den Betriebsrat unterliegt. Außerdem hat der Betriebsrat ein Mitspracherecht, wenn Eignungs- oder Fähigkeitsprofile entsprechend den Ist-Profilen eines Kompetenzmanagementsystems erstellt werden sollen. Daher ist es von größter Bedeutung, die Akzeptanz des Betriebsrats zu gewinnen, um so ein Scheitern des Kompetenzmanagementsystems kurz vor der Realisierung zu verhindern. Der beste Weg ist hierbei, den Betriebsrat von Anfang an in die Entwicklung des Kompetenzmanagementsystems einzubeziehen und anschließend in einem ständigen Dialog zu bleiben.

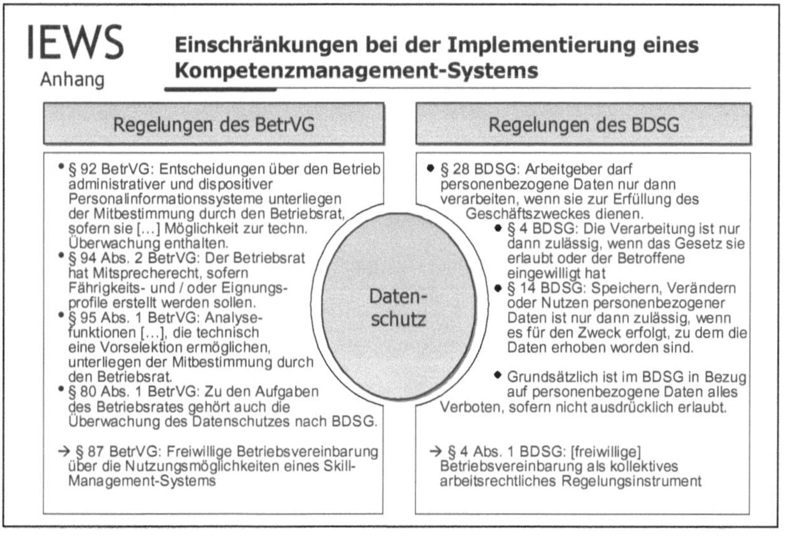

Abbildung 3.2: Gesetzliche Regelungen zur IT-gestützten Umsetzung

Den Unternehmen wird empfohlen, die Zulässigkeit eines Kompetenzmanagementsystems frühzeitig durch eine freiwillige Betriebsvereinbarung zu regeln. Diese Regelung ist meist auch im Sinne des Betriebsrats, da hiermit die Möglichkeiten aber auch die Grenzen des Systems festgehalten werden. Dies verhindert, dass durch das System „gläserne Mitarbeiter" geschaffen werden und stellt die Akzeptanz des Systems durch die Unterstützung des Betriebsrates auf breiter Mitarbeiterebene sicher.

3.3. Herausstellung des Mehrwerts

Das Ziel eines Kompetenzmanagementsystems liegt darin, für alle Beteiligten einen Mehrwert zu schaffen. Werden die zuvor erwähnten Punkte bei der Entwicklung berücksichtigt, so ist dieses Ziel sicherlich zu erreichen, und es können Mitarbeiter, Vorgesetzte, die Personalplanung und somit das gesamte Unternehmen von dem System profitieren.

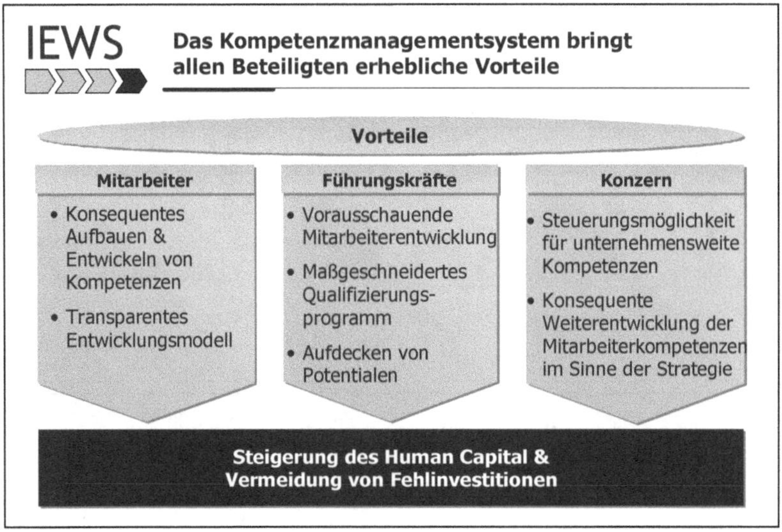

Abbildung 3.3: Die Vorteile eines Kompetenzmanagementsystems

Für die Mitarbeiter bedeutet das Kompetenzmanagementsystem ein transparentes Entwicklungsmodell, bei dem Schulungen sehr systematisch ermittelt werden. Es verdeutlicht ihnen, weshalb sie eine bestimmte Schulung besuchen sollen und garantiert ihnen ihre persönliche Weiterentwicklung. Auf diese Weise können sie ihre Kompetenzen ausbauen und ihren Wert für das Unternehmen und den Arbeitsmarkt steigern.

Die Führungskräfte profitieren noch stärker von einem systematischen Kompetenzmanagement. Sie können bisher ungeahnte Talente ihrer Mitarbeiter entdecken und diese mit den entsprechenden Aufgaben betrauen, um so den Output und die Qualität in der Abteilung zu erhöhen. Außerdem haben sie anhand des Soll-Profils eine klare Darstellung der Anforderungen an bestimmte Funktionen. Der Soll/Ist-Abgleich gibt ihnen schließlich Aufschluss darüber, ob diese Anforderungen in ihrer Abteilung erfüllt sind oder nicht. Wenn nicht, dann können sie auf diesen Gebieten bei verschiedenen Mitarbeitern Schulungen vorschlagen. Das Qualifizierungsprogramm wird somit nicht willkürlich aufgestellt, sondern genau auf den Bedarf der Abteilung abgestimmt. Außerdem ist die Führungskraft in der Lage, ihre Mitarbeiter vorausschauend zu entwickeln, da die Kompetenzen für zukünftige Aufgaben im System antizipiert werden. Auch bei projektbezogenen Arbeiten bringt das Kompetenzmanagementsystem einen erheblichen Nutzen. Der Projektleiter kann anhand der für sein Projekt erforderlichen Kompetenzen mit Hilfe der in einer Datenbank hinterlegten Ist-Profile sein Projektteam zusammenstellen.

Dem Unternehmen bzw. Management bringt das Kompetenzmanagementsystem ebenfalls einen erheblichen Nutzen. Wie bereits unter 3.1 angedeutet, können durch die Optimierung des Weiterbildungsangebotes die Ausgaben für die Weiterbildung reduziert werden. Des Weiteren schafft das Kompetenzmanagementsystem ein einheitliches Verständnis unternehmensweit benötigter Kompetenzen. Die Unternehmensführung hat die Sicherheit, dass sich alle Abteilungen in die Richtung entwickeln, die sich das Management wünscht, da der Kompetenzkatalog direkt aus der Unternehmensstrategie resultiert. Es können auch unternehmensweite Performance- und Potentialanalysen durchgeführt werden, durch die z.B. einzelne Regionen oder Sparten miteinander verglichen werden, um so interne Schwachstellen zu identifizieren. Zuletzt wächst durch systematisches Kompetenzmanagement der externe Wert des Unternehmens, da Transparenz innerhalb des Humankapitals geschaffen wird. Dies wird unter anderem im Kreditrating zum Ausdruck kommen. Diese Sichtweise ist gerade in der Zeit von Basel II und der Balanced Scorecard nicht zu vernachlässigen.

Unabhängig von den bis jetzt genannten Personengruppen, können alle an der Personalplanung beteiligten Personen von dem Kompetenzmanagementsystem profitieren. Dank des Systems können z.B. Kandidaten für mögliche Führungspositionen identifiziert werden. Anschließend kann für diese eine gezielte Karriere- und Laufbahnplanung durchgeführt werden. Es müssen lediglich die für die angestrebte Position benötigten Kompetenzen in das Soll-Profil aufgenommen werden und entsprechend der Abweichungen Schulungen oder sonstige Maßnahmen ergriffen werden.

Besonders für das Recruiting stellt das Kompetenzmanagementsystem eine große Unterstützung und Entlastung dar. Ist z.B. eine Stelle zu besetzen bzw. haben sich die Funktionen einer bestimmten Stelle verändert, kann zuerst anhand des Kompetenzmanagementsystems überprüft werden, ob sich bereits ein passender Kandidat im Unternehmen befindet, der für diese Stelle geeigneter wäre als für seine bisherige. Dies spart die enormen Kosten des externen Recruitings. Aber auch wenn sich ein solcher Kandidat nicht finden lässt, erleichtert das Kompetenzmanagementsystem das externe Recruiting. Dank des hinterlegten Soll-Profils mit allen erforderlichen Kompetenzen ist es für die Personalabteilung relativ einfach eine entsprechende Ausschreibung aufzusetzen und den passenden Kandidaten für die Stelle zu finden.

Abbildung 3.4: Einsatzmöglichkeiten eines Kompetenzmanagementsystems

Diese Vorteile und Einsatzmöglichkeiten des Kompetenzmanagementsystems überwiegen bei weitem die unter 3.1 genannten Risiken und machen Kompetenzmanagement daher zu einer rentablen Investition für das Unternehmen.

4. Operatives Beispielkonzept anhand eines Excel – Tools

4.1. Vorbemerkungen

Einen wesentlichen Teil dieser Studie stellt die praktische Anwendung der theoretischen Grundlagen und der Ergebnisse der Benchmarkanalyse dar. So verschieden die theoretischen Grundlagen zu dem Thema interpretiert werden, genauso verschieden sind die Umsetzungen in der Praxis.

Mit der Konzeption eines Beispieltools, programmiert in Microsoft Excel, wollen die Autoren dieser Studie eine prägnante Visualisierung eines Kompetenzmanagementsystems geben. Ausdrücklich soll darauf hingewiesen werden, dass das beiliegende Beispieltool eine statische Version darstellt und keinesfalls als Prototyp eines vollständigen Programms gesehen werden soll. Zur besseren Veranschaulichung ist es möglich, die Ausprägungen einzelner Kompetenzen zu verändern, jedoch gibt es für den Anwender keine Möglichkeit, die Mitarbeiterbasis zu vergrößern oder andere strukturelle Änderungen der Datenbasis vorzunehmen. Vielmehr soll dieses Tool dazu benutzt werden, einen tieferen Einblick in eine mögliche praktische Umsetzung des Themas Kompetenzmanagement zu geben. Am Ende des Kapitels werden Erweiterungen detailliert angesprochen, die nicht in diesem Beispieltool implementiert werden konnten.

4.2. Aufbau des Tools

Im strukturellen Aufbau ist das Tool an das Kompetenzmanagementsystem von Unternehmen D der Benchmarkanalyse angelehnt, beinhaltet aber weitere Aspekte der anderen Unternehmen sowie der Theorie. Die Autoren sind davon überzeugt, dass dieses System das beste Input/Output Verhältnis zwischen aufzuwendender Arbeit (Implementierungs- und Aktualisierungsaufwand) und aussagekräftigem Ergebnis darstellt.

Durch die allgemeine Struktur des Systems ist es in allen Hierarchiestufen eines Unternehmens anwendbar. Dieses Beispiel ist primär auf die Bewertung von Mitarbeitern in der Produktion ausgelegt, was sich in den hinterlegten Beispieldaten widerspiegelt. Einige Elemente des ursprünglichen Systems von Unternehmen D wurden zusammengefasst, einige Elemente, gerade in Bezug auf Aggregationsstufen, hinzugefügt. Der Benutzer kann auf dem Hauptbildschirm zwischen folgenden Ansichten wählen:

- Fachabteilung
- Berufsgruppe
- Prozess
- Mitarbeiter

Von der untersten Ebene ausgehend, der Mitarbeiterebene, wird das System im Folgenden vorgestellt. Besondere Bedeutung erlangt hierbei der Zusammenhang zwischen individueller Mitarbeiterbeurteilung und Performance der gesamten übergeordneten Aggregationsstufe. Weiterhin wird ausdrücklich die praktische Anwendbarkeit hervorgehoben, die sich konsequent aus dem Aufbau des Systems ergibt.

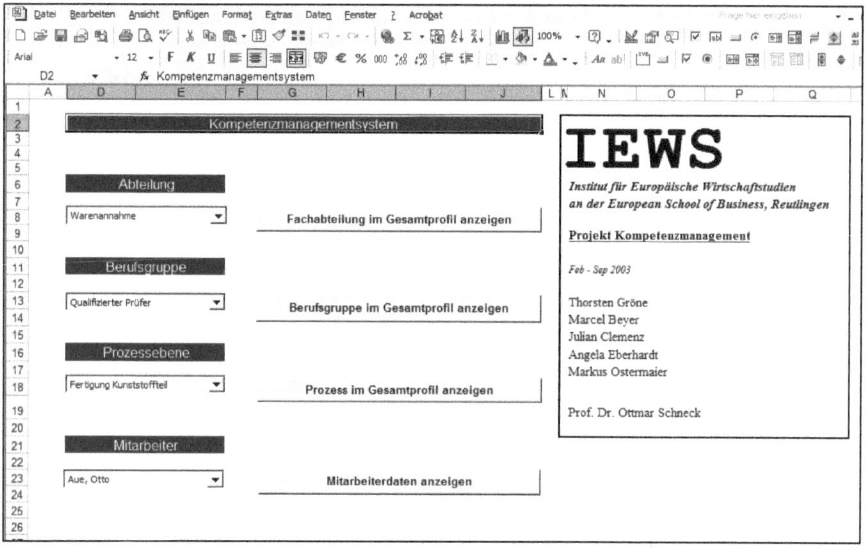

Abbildung 4.1: Ansicht des Hauptmenüs

4.3. Mitarbeiterdaten

Wird ein Mitarbeiter ausgewählt, so öffnet sich zunächst ein Übersichtsblatt, auf dem in Kürze die wichtigsten Daten angezeigt werden und eine Ampel über den Grad der Ausprägung der geforderten Kompetenzen informiert. Diese Ampel repräsentiert das arithmetische Mittel des erreichten Prozentwertes der verschiedenen Kompetenzcluster, auf die nachfolgend noch eingegangen wird. Folgende Grenzwerte für die Ampel sind hinterlegt:

- Grün: 90% oder mehr der geforderten Kompetenzen erreicht
- Gelb: zwischen 60% und 90% der geforderten Kompetenzen erreicht
- Rot: weniger als 60% der geforderten Kompetenzen erreicht

Dies sind fiktive Werte, die je nach Belieben angepasst werden können. Wenn man aber bedenkt, dass dies der Erreichung der Kompetenzen in der individuellen Gewichtung für den jeweiligen Mitarbeiter entspricht, macht es durchaus Sinn, ein hohes Maß für „grün“ anzulegen und ein rotes Warnlicht auszugeben, wenn ein Mitarbeiter weniger als 60% seiner geforderten Kompetenzen erreicht.

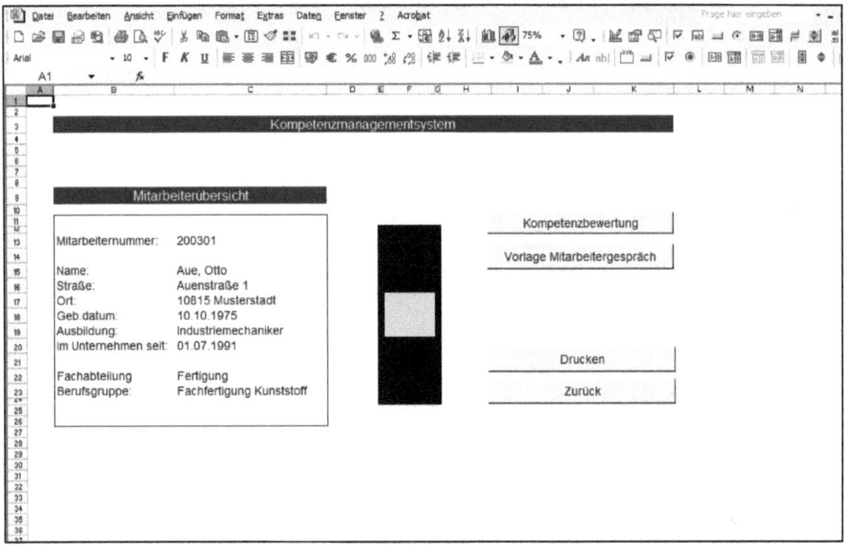

Abbildung 4.2: Ansicht des Mitarbeitermenüs

Diese Übersicht verlinkt zur eigentlichen Kompetenzbewertung, in der die Werte für den Mitarbeiter eingeben werden können, sowie zu einem Übersichtsblatt, das ausgedruckt als Vorlage für den Vorgesetzten in einem Mitarbeitergespräch dienen soll.

4.3.1. Kompetenzbewertung

Unter der Oberfläche Kompetenzbewertung können die Ausprägungen der Ist–Kompetenzen des ausgewählten Mitarbeiters eingegeben werden. Während die Art der Kompetenzen auf Berufsgruppenebene festgelegt sein sollte, hat der Vorgesetze bei der direkten Bewertung des Mitarbeiters spezifische Optionen, die er individuell auf verschiedene Mitarbeiter anwenden kann. Diese Optionen werden im Folgenden genauer erläutert.

Der Aufbau des Bildschirms ist zweigeteilt: im oberen Bereich werden einige Daten des Mitarbeiters angezeigt, darunter befindet sich das Bewertungsprofil. Neben den verbundenen Zellen „Bewertungsprofil" ist das arithmetische Mittel angezeigt, sowohl in der Farbgebung der Ampel als auch in Prozent der Gesamterreichung ausgedrückt.

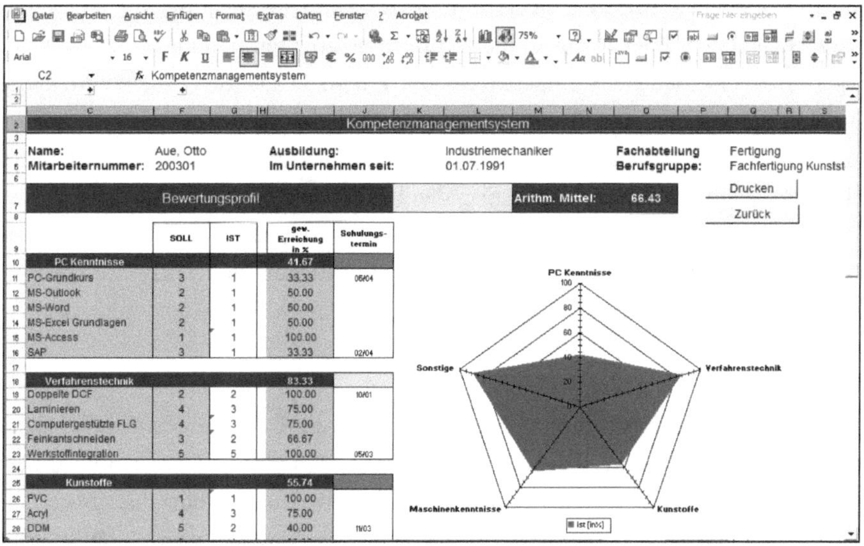

Abbildung 4.3: Standardansicht der Mitarbeiter-Kompetenzbewertung

Im Bewertungsprofil auf der linken Seite sind die Kompetenzen abgebildet, aufgegliedert nach Soll- und Ist-Wert. Diese beiden Werte sind die einzigen, die in diesem Beispieltool für Veränderungen vorgesehen sind. Weiterhin wird die prozentuale Zielerreichung der einzelnen Kompetenz und des gesamten Kompetenzclusters angezeigt, wobei für den Cluster auch wieder auf die Farbgebung der Ampel zurückgegriffen wird, um eine schnelle visuelle Übersicht zu ermöglichen. Mögliche Schulungstermine können ebenfalls festgehalten werden. Denkbar wäre in diesem Fall auch eine Verlinkung zu einem Schulungscenter, das zu jeder Kompetenz die entsprechende Schulungsmaßnahme anbietet und der Benutzer dabei über das Tool online Reservierungen vornehmen kann. Eine weitere Option wäre, dem Vorgesetzten durch Onlineabfragen sofort zu verdeutlichen, ob der entsprechende Mitarbeiter die mit ihm vereinbarten Schulungen tatsächlich besucht hat.

Auf der rechten Seite zeigt ein Spinnweb-Diagramm den Grad der Ausprägung in den einzelnen Kompetenzclustern in Prozent an. Dies dient der schnellen grafischen Übersicht über die einzelnen Kompetenzgruppen und eignet sich gut für bis zu 10 verschiedene Kompetenzcluster. Für mehr als 10 Cluster wird diese Art der Darstellung schnell unübersichtlich. Wie sich jedoch gezeigt hat, lassen sich, unabhängig von Berufsart, benötigte Kernkompetenzen in 5 bis 10 Cluster einteilen. Eine solche Beschränkung dient nicht nur der Übersichtlichkeit der Darstellung, sondern vor allem auch der Reduzierung des Arbeitsaufwandes bei der Pflege des Systems. Die Aufnahme von 400 Einzelkompetenzen in ein Mitarbeiterprofil (Unternehmen A) stellt in den seltensten Fällen eine optimale Lösung dar.

Während die oben beschriebene Standardansicht zur Eingabe der Kompetenzen verwendet werden sollte, können die Spalten B sowie die Spalten D und E aufgeklappt werden, um Feinjustierungen für die Bewertungen einzelner Mitarbeiter vorzunehmen, beziehungsweise den Grad der Kompetenzerreichung nicht nur auf einer prozentualen Skala zu betrachten, sondern im Zusammenhang mit der Gewichtung der einzelnen Kompetenzen auf einer absoluten Skala abzubilden.

Spalte B beinhaltet die Gewichtung einzelner Kompetenzen innerhalb eines Clusters. Zusammen mit dieser Gewichtung ergeben sich aus der Multiplikation mit den Soll- bzw. Ist-Werten absolute Werte, deren arithmetisches Mittel dann die Gesamtbewertung des Mitarbeiters beschreibt. Wenn die Spalten D und E sichtbar sind, ist zudem unter dem prozentualen Spinnweb-Diagramm ein weiteres, in absoluten Werten gewichtetes Diagramm zu sehen, welches sowohl die Soll- als auch die Ist-Kompetenzen anzeigt.

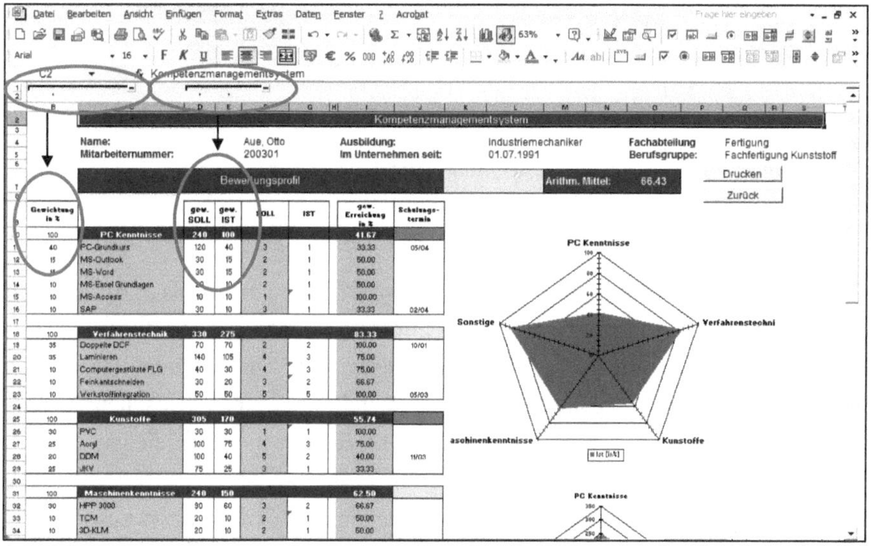

Abbildung 4.4: Erweiterte Ansicht der Mitarbeiter-Kompetenzbewertung

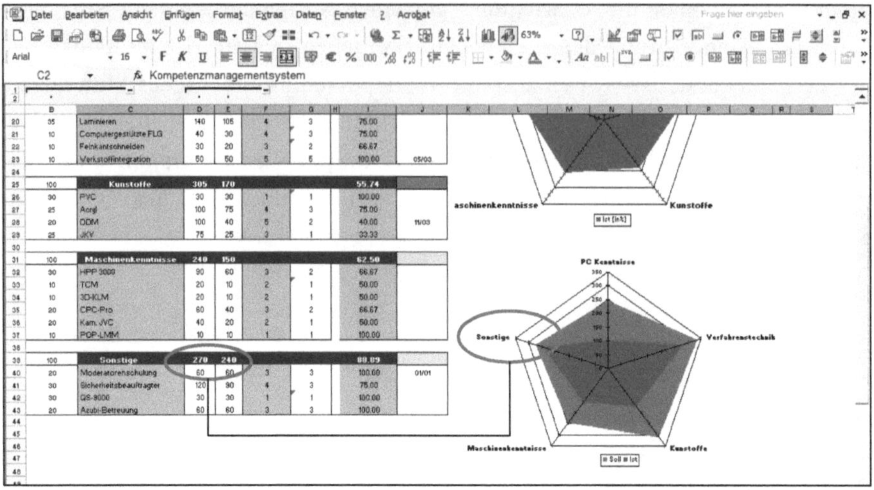

Abbildung 4.5: Erweiterte Ansicht der Mitarbeiter-Kompetenzbewertung

Da die Gewichtung der einzelnen Kompetenzen über längere Zeit als konstant angenommen werden kann und die gewichteten Soll- bzw. Ist-Werte nur zur Berechnung dienen, wurden diese in der Standardansicht ausgeblendet. Gerade die Gewichtung und Ausprägung der Soll-Werte stellt aber einen kritischen Stellhebel zur Mitarbeiterbewertung dar: Zwei Mitarbeiter in der gleichen Berufsgruppe können unterschiedliche Anforderungen in einer Kompetenz haben (dies würde durch unterschiedliche Soll-Werte in dieser Kompetenzart ausgedrückt werden), jedoch ist es genauso denkbar, dass innerhalb eines Kompetenzclusters die Anforderungen an eine Kompetenzart unterschiedlich gewichtet sind. So können im Berufsprofil einer Sekretärin z.B. Expertenkenntnisse sowohl in „MS Word" als auch „MS Excel" gefordert sein. Für Sekretärin 1 im Bereich Öffentlichkeitsarbeit wird jedoch wahrscheinlich der sichere Umgang mit Word als wichtiger angesehen, während für Sekretärin 2 im technischen Bereich wohl der Umgang mit Excel genauso wichtig sein wird. Um diesen Differenzen innerhalb einer Berufsgruppe angemessen Rechnung zu tragen, ist es möglich, Sekretärin 1 eine Word/Excel Gewichtung von 80/20 zuzuweisen, während die Gewichtung bei Sekretärin 2 50/50 betragen kann. Durch diese Gewichtung wird sichergestellt, dass Mitarbeiter nicht nach einem rigiden Berufsgruppenmuster bewertet werden, sondern dass die Bewertung gezielt auf den individuellen Aufgabenbereich des Mitarbeiters zugeschnitten wird, um damit eine exakte Beurteilung der Mitarbeiterkompetenzen zu gewährleisten.

Jedoch besteht bei einer individuellen Gewichtung auch die Gefahr, dass grundlegende Kompetenzen, die zu einem gewissen Maß vorhanden sein sollten, zu gering gewichtet werden und der Mitarbeiter trotz eines Mangels rechnerisch seinen absoluten Soll-Wert in dem Cluster oder auch im Ganzen erfüllt. Um diesen Konflikt zu umgehen ist beispielsweise eine Mindestgewichtung oder eine Gewichtungsspanne denkbar. Somit kann dieses Problem eingegrenzt werden ohne dem Vorgesetzen die Möglichkeit zur individuellen Anpassung der Kompetenzcluster zu nehmen. Auch ist es denkbar, bei einer Untererfüllung einer bestimmten Kompetenz ein „Warnsignal" auszugeben, um zu verhindern, dass der Mitarbeiter trotz rechnerischer Erreichung „grünes Licht" bekommt.

Abschließend ist für diese Kompetenzbewertungsmaske noch hinzuzufügen, dass im jährlichen Bewertungsverfahren generell nur Ist-Werte in der Skala 1-5 angepasst werden. Die Soll-Werte können bei einer Erweiterung des Aufgabenfeldes oder anderen Veränderungen im Umfeld des Mitarbeiters zwar ebenfalls angepasst werden, jedoch sollte man sie auf mittlere Frist festlegen, um dem Mitarbeiter ein konkretes Ziel vorzugeben, auf das er hinarbeiten kann. Die Definition der Kompetenzen sowie die Zusammenstellung der Kompetenzcluster müssen auf Berufsgruppenebene vorgenommen werden und erfordern somit Konsens auf höherer Ebene. Trotz der mittelfristigen Verstetigung der Soll-Profile muss auf die Aktualität dieser geachtet werden. Ständige Überprüfung und Pflege, z.B. in Form von jährlichen Zusammentreffen aller Vorgesetzen von Abteilungen mit ähnlichen Berufsgruppen, ist hier unbedingt notwendig, um die Anforderungen an den Mitarbeiter auf aktuellem Stand zu halten.

4.3.2. Vorlage Mitarbeitergespräch

Neben der eigentlichen Kompetenzbewertung gibt es auf der Mitarbeiter-übersicht die Option „Vorlage Mitarbeitergespräch". Hinter diesem Punkt verbirgt sich ein komprimiertes Formblatt, das neben Mitarbeiterdaten und dem Bewertungsprofil noch ein Notizfeld für generische Informationen des Mitarbeitergesprächs enthält.

Um die Übersicht zu bewahren ist hier nur die prozentuale Bewertung der Kompetenzen zu sehen; die gewichteten Soll- und Ist-Werte, sowie das dazugehörige Diagramm, sind ausgeblendet. Diese Übersicht ist nicht dazu gedacht, Eingaben zu machen, vielmehr kann es als Vorlage für ein strukturiertes Mitarbeitergespräch dienen. Auch ist es in einer ausgereiften Software denkbar, durch eine Copy & Paste Funktion eine jährliche Historie dieses Blattes im Programm zu generieren, um kontinuierliche Fortschritte festzuhalten und Änderungen zu dokumentieren.

Wird das Mitarbeitergespräch computergestützt durchgeführt, so sollte sichergestellt werden, dass entsprechende Felder für generische Informationen und Notizen aus dem Mitarbeitergespräch vorhanden sind. Die Aufnahme individueller Wünsche und Interessen der Mitarbeiter kann im Rahmen von Mitarbeiterbewertungen eine sehr motivierende Wirkung haben. Durch gemeinsame Formulierung von Entwicklungszielen wird dem Mitarbeiter ein klarer Fokus für seine berufliche Perspektive gegeben. Durch die Unterschrift soll zudem sichergestellt werden, dass der Mitarbeiter mit seiner Bewertung und den vereinbarten Zielen einverstanden ist und dass seine Wünsche und Interessen entsprechend aufgenommen sind, sofern sie mit den Unternehmenszielen vereinbar sind.

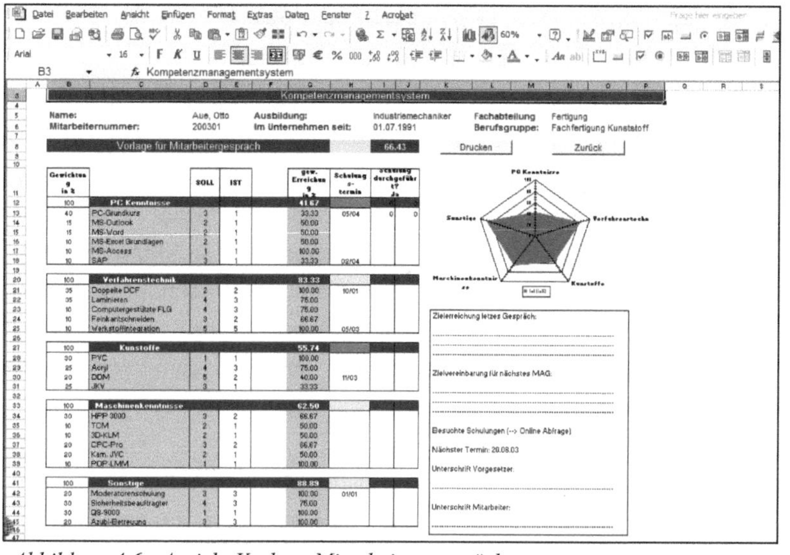

Abbildung 4.6: Ansicht Vorlage Mitarbeitergespräch

4.4. Aggregation auf Abteilungs-, Berufsgruppen- bzw. Prozessebene

Nach der Erfassung aller Kompetenzen auf Mitarbeiterebene ist der nächste Schritt die Aggregation der Ergebnisse auf höherer Ebene. Das Beispieltool zeigt diesen Schritt anhand der Aggregation der Daten auf Abteilungs-, Berufsgruppen- und Prozessebene.

Wie im letzten Abschnitt erwähnt, sollte die Zusammenstellung der Kompetenzen sowie der Kompetenzcluster der Mitarbeiter auf Berufsgruppenebene identisch sein, um eine Vergleichbarkeit einzelner Mitarbeiter, die der gleichen Berufsgruppe angehören, zu ermöglichen.

Die Aggregation kann in diesem Fall sehr leicht erfolgen, indem die einzelnen Kompetenzen, die durchschnittlichen Anforderungen (Soll-Werte) und die durchschnittlichen Ausprägungen (Ist-Werte) dargestellt werden. Der unterschiedlichen Gewichtungen von Kompetenzen innerhalb der Kompetenzcluster wird in diesem Beispiel durch Mittelwertbildung Rechnung getragen.

Da betriebliche Entscheidungen in den seltensten Fällen auf Berufsgruppenebene anstehen, müssen oftmals Prozesse oder ganze Abteilungen bewertet werden, um eine nachhaltige, zukunftsgerichtete Entscheidung treffen zu können. Daher ist es für ein Kompetenzmanagementsystem notwendig, auch auf diesen Ebenen fundierte Informationen zur Bewertung von Mitarbeitern zu Verfügung zu stellen. Bei der Implementierung dieser Anforderung stößt man aber schnell auf das Problem, dass verschiedene Berufsgruppen verschiedene Kompetenzen innerhalb einer Abteilung benötigen und diese damit schlecht miteinander vergleichbar sind.

Zur Aggregation auf diesen „problematischen" Ebenen wird in diesem Tool der arithmetische Mittelwert aller Mitarbeiter innerhalb eines Prozesses bzw. einer Abteilung gebildet. Denkbar sind auch gewichtete Mittelwerte nach Mitarbeiteranzahl oder Wichtigkeit einzelner Komponenten oder durch individuelle Gewichtungen, die je nach Untersuchungsfokus geändert werden können. Ebenfalls darf nicht vergessen werden, dass in einem Kompetenzmanagementsystem nur gemessen werden kann, wie gut die einzelnen Mitarbeiter in einem Prozess bzw. einer Abteilung den ihnen gestellten Anforderungen gerecht werden. Die wirtschaftliche Effizienz bzw. Rentabilität eines Prozesses wird durch ein Kompetenzmanagementsystem nur insofern beeinflusst, als dass Positionen in diesem Prozess mit dem jeweils passenden Mitarbeiter besetzt werden, womit die Qualität der Arbeit gesteigert wird. „Grünes Licht" einer Abteilung darf also nicht mit wirtschaftlicher Effektivität der Abteilung verwechselt werden.

Die unten abgebildeten Übersichten der Prozess- und Abteilungsebene fallen relativ kompakt aus, während die Berufsgruppenübersicht noch ein Übersichtsblatt mit der Aufschlüsselung der einzelnen Kompetenzen bietet. Zu jedem Übersichtsblatt sind sicherlich noch diverse Verlinkungen zu Elementen betriebseigener Software bzw. SAP-Modulen denkbar, so dass die Übersicht zu einer Art „Balanced Scorecard" einer Abteilung, eines Prozesses oder einer Berufsgruppe werden kann. Hier sollten dann auch wirtschaftliche Erfolgsziffern mit einfließen.

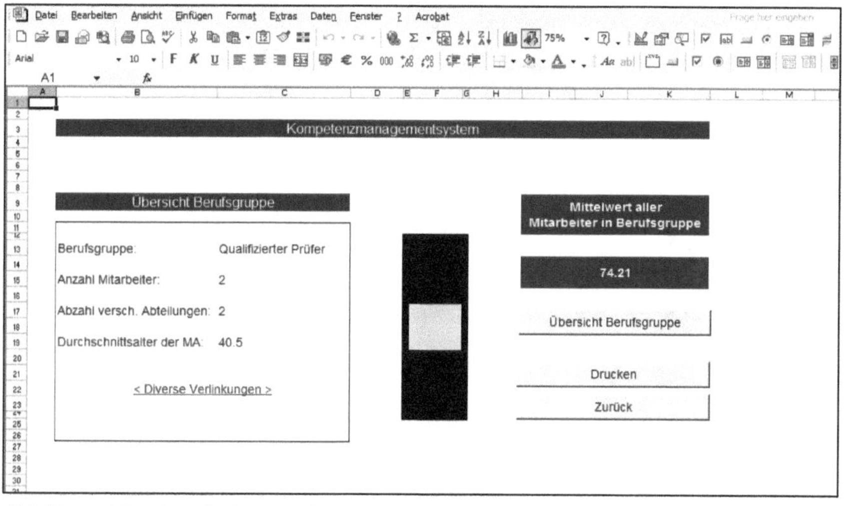

Abbildung 4.7: Ansicht der Berufsgruppenübersicht

Das Übersichtsblatt der Berufsgruppenübersicht kann Vorgesetzen in Beratungen über Änderungen der Kompetenzzusammensetzungen als Vorlage dienen. Bei aufgedeckten Mängeln in einer Kompetenz, die sich durch die gesamte Berufsgruppe ziehen, können darüber hinaus Kollektivschulungen angedacht werden. In unserem Beispiel berechnen sich alle aggregierten Werte aus dem einfachen Mittelwert der zugrunde liegenden Daten auf Mitarbeiterebene.

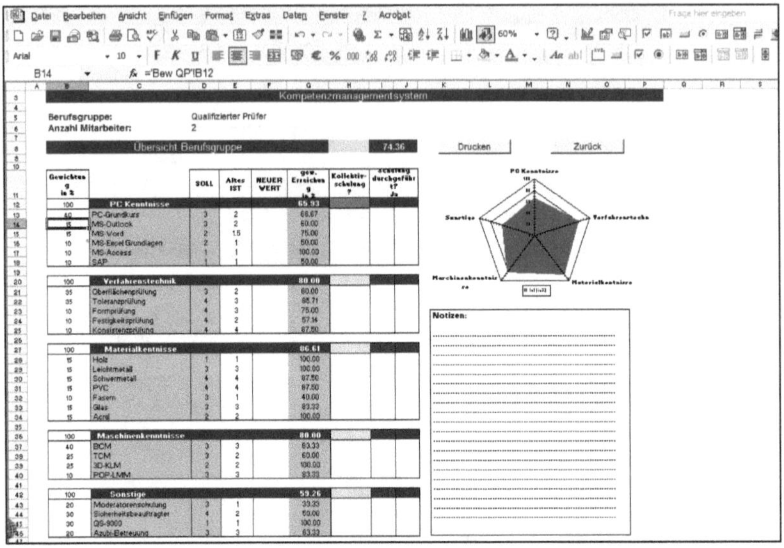

Abbildung 4.8: Ansicht Übersichtsblatt Berufsgruppen

4.5. Weiterführende Überlegungen zur Umsetzung

Mit Sicherheit kann dieses Beispieltool nicht alle denkbaren Aspekte eines Kompetenzmanagementsystems umfassen. Es soll einen Einblick geben in eine mögliche Ausgestaltung der theoretischen Aspekte. Zur detaillierten Implementierung sollten weiterführende Punkte bedacht werden:

- *Analysefunktionen*
  Weitergehende Analysefunktionen stellen bei der realen Implementierung eines Kompetenzmanagementsystems einen Hauptfokus dar. Die durch die Bewertung von Mitarbeiterkompetenzen geschaffene Transparenz in der Belegschaft muss effektiv zur Besetzung von offen stehenden Stellen genutzt werden. Auch eine Suchfunktion zur Identifizierung von Experten auf einem Gebiet ist denkbar.

Des Weiteren sind weit reichende, zukunftsbezogene Analysen denkbar. Zeitlich verschiedene Anforderungsprofile könnten mit aktuellen Mitarbeiterprofilen verglichen werden, um zu sehen, wo langfristig Kompetenzlücken auftauchen werden. Verschiedene Szenarien in diesen Gap-Analysen können verschiedene strategische Optionen abdecken und somit detaillierte Prognosen über den potentiellen zukünftigen Schulungs- oder Mitarbeiterbedarf geben.

- *Kompetenzkatalog und Ausprägung der Einstufungen*
  Das Beispieltool geht von einem konsistenten Kompetenzkatalog aus. Bedeutungen der Kompetenzstufen sind in diesem Beispiel nicht hinterlegt. In der Praxis ist beides von essentieller Bedeutung. Jede Kompetenz sollte mit einer ausführlichen Erklärung hinterlegt werden, so dass jeder Benutzer des Tools jede Kompetenz gleich interpretiert. Ebenso müssen die Stufen von 1 bis 5 einfach, aber prägnant und klar abgegrenzt definiert werden.

- *Entwicklungsprofil*
  Zur weiteren Detaillierung des Schulungsbedarfs und der Mitarbeiterentwicklung könnten, wie in Unternehmen A praktiziert, Entwicklungsprofile eingefügt werden, die als Zwischenstufe zwischen Anforderungs- und aktuellem Mitarbeiterprofil dienen. Der Nutzen solcher Profile hängt stark von dem Anwendungsbereich des Kompetenzmanagementsystems und der beabsichtigten Langzeitentwicklung der Mitarbeiter ab.

- *Weiterbildungsprofil*
  Um die im Kompetenzmanagementsystem hinterlegten Profile mit vorhandenen Schulungsangeboten in Einklang zu bringen, ist es denkbar, Weiterbildungsprofile zu hinterlegen. Diese Profile sind als Ist-Profile von Schulungen zu verstehen. Sie sollen die Änderung in den geschulten Kompetenzen wiedergeben. Trägt man diesen Gedanken weiter, so sollte sich aus einem Ist-Profil eines Mitarbeiters und dem entsprechenden Weiterbildungsprofil, das aus mehreren Schulungen zusammengesetzt sein kann, das Entwicklungs- oder Soll-Profil des Mitarbeiters ergeben.

- *Erfahrungsprofil*
  Neben einem reinen Kompetenzprofil kann zu einem Mitarbeiter ein Erfahrungsprofil erstellt werden. Gerade in projektbezogenen Arbeitsumgebungen können Informationen über Erfahrungen in bestimmten Bereichen von hoher Bedeutung sein.

- *Sozialkompetenz*
  Ein strittiger Punkt ist die Aufnahme von Sozialkompetenzen in ein Kompetenzmanagementsystem. Hier ist häufig der größte Widerstand bei der Implementierung eines solchen Systems zu finden. Generell lässt sich sagen, dass je anspruchsvoller die Mitarbeiteraufgaben sind, desto wichtiger werden die Sozialkompetenzen. Einer Kompetenzbewertung von Führungskräften, bei der soziale Aspekte außen vorgelassen werden, fehlt die entscheidende Aussagekraft, wohingegen auf Produktionsebene die Bewertung von Sozialkompetenzen wohl mehr Widerstand als Nutzen bringen wird.

In der Praxis hat sich gezeigt, dass Kompetenzmanagementsysteme oftmals ohne die Bewertung von Sozialkompetenzen gestartet sind, aber aufgrund durchschlagender Akzeptanz des Systems nachträglich hinzugefügt wurden.

- *Schnittstellen*
  Ein real implementiertes System muss weit reichenden Schnittstellenanforderungen genügen. Wie in diesem Beispieltool angedeutet, kann es auf jeder Ebene weiterführende Verlinkungen geben, die zu detaillierten Daten aus anderen unternehmenseigenen Systemen führen.

- *Zeitstempel*
  Um der Anforderung einer ständigen Aktualisierung nachzukommen, ist es denkbar, dem Profil einen Zeitstempel, verbunden mit einer automatischen Erinnerungsfunktion, hinzuzufügen.

- *Benutzerzugriff*
  Einen überaus kritischen Aspekt stellt der Benutzerzugriff auf die hinterlegten Mitarbeiterdaten dar. Es muss genau definiert werden, wer Zugriff auf die Profile hat, wer die Profile ändern darf, und wer lediglich Einsicht in die Daten hat. Hierbei sind auch die strengen gesetzlichen Vorschriften bezüglich der elektronischen Speicherung von Mitarbeiterdaten zu beachten. Während die Anforderungsprofile offen zugänglich sein sollten, hängt es stark von der Unternehmenskultur ab, ob Mitarbeiterprofile ebenfalls offen einsehbar sein sollten (interner Wettbewerb) oder ob nur ein bestimmter Personenkreis Einblick in alle Profile hat. Je mehr soziale Kompetenzen bewertet werden, desto restriktiver sollte sich die Einsicht in die Profile gestalten, um die Persönlichkeit des Mitarbeiters nicht einer offenen Diskussion auszusetzen.

- *Pflege der Datenbasis*
  Ebenso wichtig wie die wiederkehrende Aktualisierung der Profile ist die konsistente Pflege der Datenbasis des Kompetenzkatalogs. Auch sollten Vorschläge von Mitarbeitern zur Aufnahme neuer Kompetenzen konstruktiv eingearbeitet werden, während ebenso dafür gesorgt werden muss, dass nicht mehr benötigte bzw. veraltete Kompetenzen aus dem Kompetenzkatalog gelöscht werden, damit dieser nur die aktuellen und zukünftigen Kompetenzen beinhaltet und übersichtlich bleibt.

Sicherlich wird es noch weitere Aspekte geben, auf die ein Unternehmen bei der Implementierung eines Kompetenzmanagementsystems stoßen wird. Art, Umfang und Ausprägung eines solchen Systems sind immer unternehmensbezogen, eine Standardlösung kann es nicht geben. Eine der großen Aufgaben bei der Implementierung ist die Definition eines Systems, das genau die Bedürfnisse des Unternehmens widerspiegelt. Wichtig dabei ist ein zukunftsgerichteter Fokus zusammen mit der Erweiterbarkeit des Systems.

5. Abschließende Betrachtung Kompetenzmanagement

Betrachtet man das Thema Kompetenzmanagement nun rückblickend, so sieht man ein ziemlich breit gefächertes Bild mit unterschiedlichen Aspekten. Gemeinsamer Ausgangspunkt aller Ansätze ist die herzustellende Transparenz über vorhandene Mitarbeiterkompetenzen. Wertvolles Humankapital soll aktiv und gezielt zur Erreichung der langfristigen Unternehmensstrategie eingesetzt und gesteuert werden können. Ziel ist es, Anforderungen in der Zukunft mit Aus- und Weiterbildungen schon heute gerecht zu werden, um neue Technologien zeitgemäß einzusetzen und flexibel und pro-aktiv auf Marktveränderungen reagieren zu können.

Ständige Aktualisierung, strukturierte Kompetenzkataloge und gezielte, entwicklungsorientierte Analysen sind einige Grundanforderungen an ein Kompetenzmanagementsystem. Die Benchmarkanalyse hat gezeigt, dass diese Anforderungen in der Praxis durchaus differenziert interpretiert und genauso unterschiedlich implementiert werden.

Auch das in dieser Studie vorgestellte Beispieltool kann nicht mehr als eine Visualisierung der Grundideen sein. Eine endgültige Implementierung wird von Unternehmen zu Unternehmen unterschiedlich sein.

Ein wichtiger Aspekt ist jedoch allen Systemen gemeinsam: Aufgrund der Einsatz- und Nutzenvielfalt eines Kompetenzmanagementsystems werden Vorteile für Mitarbeiter, Führungskräfte und Unternehmen stets sichergestellt. Anfängliche Bedenken gegenüber einem solchen System, das in den Augen der Kritiker einen „gläsernen Mitarbeiter" erzeugt, konnten in den meisten Fällen schnell in breite Unterstützung umgewandelt werden, bietet es doch erstmals gezielte Weiterbildungs- und Entwicklungsmöglichkeiten für den einzelnen Mitarbeiter an. Das Aufzeigen eines möglichen Karriereweges, jährliche Verbesserungen in Bewertungen und ein konstruktives, auf Fakten basiertes Mitarbeitergespräch wirkt bei vielen Mitarbeitern als starker Motivationsschub.

Ausgenutzt können diese Vorteile jedoch nur werden, wenn kritische Punkte bei der Implementierung frühzeitig beachtet werden. So hat sich gezeigt, dass offene und frühzeitige Kommunikation mit dem Betriebsrat der beste Weg ist, um den zahlreichen gesetzlichen Regelungen in Deutschland zum Aufbau eines solchen Systems durch eine freiwillige Betriebsvereinbarung aus dem Weg zu gehen. Bezüglich des Umfangs eines Kompetenzmanagementsystems muss ein für das jeweilige Unternehmen sinnvoller Kompromiss zwischen Aufwand, Nutzen und wiederkehrender Pflege gefunden werden. Ein umfangreiches System ist nicht für jedes Unternehmen sinnvoll. Auf jeden Fall muss aber das System auf die Zukunft ausgerichtet sein und mit existierenden und aufkommenden unternehmensinternen Softwarelösungen kommunizieren können, um so seinen vollen Nutzen zu entfalten.

Definitiv wird das Thema Humankapital und Kompetenzmanagement die Betriebswirtschaft in den kommenden Jahren noch ausführlich beschäftigen. Diese Hypothese lässt sich auch durch die gewonnenen Erkenntnisse dieser Benchmarkstudie untermauern. Die Autoren standen während ihrer empirischen Studie mit 37 Unternehmen im Kontakt. 54% von diesen besitzen in unterschiedlichen Ausprägungsgraden ein implementiertes Kompetenzmanagementsystem. Viel wichtiger ist allerdings die Erkenntnis, dass 94% der befragten Unternehmen intern bereits über die Einführung eines Kompetenzmanagementsystems nachdenken und/oder sich sehr interessiert an den Ergebnissen dieser Studie zeigten. Unsere Benchmarkstudie kann also auch als Trendbarometer genutzt werden und verdeutlicht eindeutig das Interesse und die Aktualität des Themas Kompetenzmanagement.

Im Zuge einer immer ganzheitlicheren Unternehmensbewertung fließen zunehmend weiche Faktoren, die auf keiner Bilanz zum Ausdruck kommen, mit ein. Das Kreditrating nach Basel II-Richtlinien macht ab 2005/2006 den Anfang. Weitere Bewertungsverfahren werden folgen und mit Sicherheit Humankapital und dessen effizientes Management in ihr Ergebnis mit einbeziehen. Gerade hier stellt sich dem Management von heute die Aufgabe, den zukünftigen Anforderungen gerecht zu werden und daher Transparenz innerhalb des Humankapitals zu schaffen.

Literatur

Die Autoren haben sich folgernder Literatur bedient, um sich den nötigen theoretischen Hintergrund zu dem umfangreichen Thema Kompetenzmanagement zu verschaffen. Die Inhalte dieser Studie beruhen allein auf den Ergebnissen der durchgeführten empirischen Untersuchung.

Cell Consulting: Kompetenzmanagement und Unternehmenserfolg: Eine empirische Analyse des Kompetenzmanagements deutscher Unternehmen, Frankfurt, Mai 2002

Faix, Werner G.: Skill-Management: Qualifikationsplanung für Unternehmen und Mitarbeiter, Gabler-Verlag, Wiesbaden, 1991

Fraunhofer Institut: Isst-Bericht: Skill-Management - ein Baustein für das Management flexibler Teams, Stuttgart, November 1999

Ganzheitliches Kompetenzmanagement. In: Personalwirtschaft, 2/2003, S. 26-31

Hänggi, Gerhard: Macht der Kompetenz: Ausschöpfung der Leistungspotenziale durch zukunftsgerichtete Kompetenzentwicklung, Datakontext-Fachverlag, Frechen-Königsdorf, 2000

Personalized Competence Management - Das Kompetenzmanagementsystem des AXA Konzerns. In: Symposium Zukunft betrieblichen Wissens, Schloss Birlinghoven, 10.Oktober 2002

Scholz, Christian: Personalmanagement, 5. Auflage, München 2000

Schürholz, Dirk: „Skill-Management"- zur Unterstützung der dispositiven Aufgaben des Personalwesens, Köln, 07.Dezember 2001

www.skill-management.com

Das Institut für Europäische Wirtschaftsstudien (IEWS) Reutlingen

Das Institut für Europäische Wirtschaftsstudien (IEWS) der European School of Business Reutlingen (ESB) unter der Leitung von Prof. Dr. Ottmar Schneck erstellt seit 1990 im Auftrag von Industrie und Wirtschaft Studien und Gutachten zu allen betriebswirtschaftlichen Themengebieten. Zudem werden seit dem Jahre 2000 herausragende Diplomarbeiten der ESB in einer Publikationsreihe veröffentlicht. „Effizientes Kompetenzmanagement in Unternehmen" ist eine Studie, die aus einem studentischen Beratungsprojekt unter Leitung von Prof. Dr. Ottmar Schneck für die ZF Friedrichshafen AG entstanden ist.

Das IEWS als Forschungseinrichtung an der ESB:

- Studentische Beratungsprojekte
- Studien und Gutachten
- Publikationen ausgezeichneter Diplomarbeiten
- Internationale Projektrealisierungen

Schwerpunktthemen:

- Konzeption und Realisierung von Feldforschung in ganz Europa
    - Erstellung von Studien und Gutachten zu den Gebieten:
    - Bankwirtschaft
    - Finanzierung
    - Bilanzierung
    - Strategische Planung und Organisation
- Kreatives Consulting

Ausgewählte Projekte:

- Vertriebsmöglichkeiten von Präsenzmeldern in Europa im Auftrag der HTS Technology Effretikon (Schweiz)
- Image und Marktentwicklungsstrategie einer Brauerei im Auftrag der BergBier Brauerei in Ehingen
- Going-Public Beratung im Auftrag eines mittelständischen Unternehmens
- Risikomanagementstrategie einer Bank im Auftrag der UBS Zürich.

Über die Autoren

Angela Eberhardt

Email: Angela_Eberhardt@gmx.de

Angela Eberhardt (geboren am 24.10.1980 in Freudenstadt) begann ihr Studium der Internationalen Betriebswirtschaft im Oktober 2001 an der European School of Business Reutlingen und studiert seit September 2003 an der Reims Management School in Frankreich.

Im Frühjahr 2005 wird Angela Eberhardt ihr Studium mit dem deutschen Diplom-Betriebswirt und dem französischen Diplôme d'Etudes Supérieures Européennes de Management (DESEM) abschließen. Während ihres Studiums sammelte Angela Eberhardt Berufserfahrung in der Finanzbranche durch Praktika bei Rhodia SA (Paris), Deutsche Bank AG (Frankfurt), Hellinger Hahnemann Schulte-Gross Wirtschaftsprüfungsgesellschaft (Stuttgart), Allianz Lebensversicherungs-AG (Stuttgart) sowie bei BNP Paribas SA (Frankfurt).

Angela Eberhardt interessiert sich sehr für fremde Länder und die Zusammenarbeit mit anderen Kulturen. Bereits zu ihrer Praktikazeit hatte sie an unterschiedlichen Auslandsmissionen mitgearbeitet und so auf ihren Einsätzen in Frankreich, China und den USA die dortige Arbeitsweise und Lebenskultur kennen gelernt. Außerhalb des Studiums engagiert sich Angela Eberhardt mit der Violine in verschiedenen Streichorchestern. Außerdem spielt sie bereits seit vielen Jahren aktiv Tischtennis oder sucht ihren sportlichen Ausgleich beim Besuch von Fitness- und Aerobickursen.

Marcel Beyer

Email: Marcel.Beyer@gmx.net

Marcel Beyer (geboren am 22.05.1980 in Frankfurt am Main) begann sein Studium der Internationalen Betriebswirtschaft im Oktober 2001 an der European School of Business Reutlingen. Von August bis Dezember 2003 studierte er an der Universidad de Barcelona in Spanien. Seit Januar 2004 studiert Marcel Beyer an der Northeastern University in Boston in den USA mit den Schwerpunkten International Business und Finance.

Im Frühjahr 2005 wird Marcel Beyer sein Studium mit dem deutschen Diplom-Betriebswirt und dem angelsächsischen Bachelor of Science (B.Sc.) in International Business abschließen. Marcel Beyer absolvierte vor Studienbeginn eine Berufsausbildung zum Bankkaufmann bei der Bayerischen HypoVereinsbank AG (Frankfurt, Bad Homburg und München). Während seines Studiums sammelte er weitere internationale Berufserfahrungen durch Praktika bei Bosch Siemens Hausgeräte GmbH (Huntington Beach, USA), Arthur D. Little GmbH (Wiesbaden), BASF Tintas Gráfics S.A. (Santiago, Chile) sowie MSU Consulting (Bad Homburg).

Aus einem multi-kulturellen Elternhaus stammend, interessiert sich Marcel Beyer außerordentlich für fremde Länder und deren Kulturen, wobei Südamerika seine ganz besondere Leidenschaft darstellt. Schon als Kind verbrachte er längere Aufenthalte mit seiner in Chile lebenden Familie. Außeruniversitär bereitet Marcel Beyer sein soziales Engagement große Freude, sei es im Sportverein, wo er seit Jahren aktiv Basketball spielt, an der Hochschule oder in der Arbeitswelt.

Julian Clemenz

Email: jclemenz@web.de

Julian Clemenz (geboren am 09.07.1980 in Friedberg) begann sein Studium der Internationalen Betriebswirtschaft im Oktober 2001 an der European School of Business Reutlingen und studiert seit September 2003 an der Reims Management School in Frankreich.

Im Frühjahr 2005 wird Julian Clemenz sein Studium mit dem deutschen Diplom-Betriebswirt und dem französischen Diplôme d'Etudes Supérieures Européennes de Management (DESEM) abschließen. Während seines Studiums sammelte Julian Clemenz internationale Berufserfahrung durch Praktika bei Ernst & Young (Frankfurt), Jones Lang LaSalle (Paris) und Schneck Rating (Reutlingen).

Vor dem Studium arbeitete er ein Jahr für die Menschenrechts- und Nothilfeorganisation medico international in Frankfurt am Main. In dieser Zeit organisierte und koordinierte er vor allem Nahrungsmittel- und Medikamentenlieferungen in die Westsahara und nach Mosambik.

Privat begeistert sich Julian Clemenz für fremde Sprachen und Kulturen. In seiner Studienzeit lernte er Spanisch und Arabisch (zusätzlich zu seinen Geschäftssprachen Deutsch, Englisch und Französisch) und reiste 2 Monate mit dem Rucksack durch Zentralamerika. Außerdem ist er ein passionierter Langstreckenläufer und lief 2004 in Reims seinen ersten Marathon.

Thorsten Gröne

Email: ThGroene@gmx.de

Thorsten Gröne (geboren am 23.08.1980 in Warendorf) begann sein Studium der Internationalen Betriebswirtschaft im Oktober 2001 an der European School of Business Reutlingen. Von August bis Dezember 2003 verbrachte Thorsten Gröne ein Semester an der Tulane University in New Orleans in den USA und studiert seit Januar 2004 an der Northeastern University in Boston in den USA mit den Schwerpunkten International Business und Finance.

Im Sommer 2005 wird Thorsten Gröne sein Studium mit dem deutschen Diplom-Betriebswirt und dem angelsächsischen Bachelor of Science (B.Sc.) in International Business abschließen. Während seines Studiums sammelte Thorsten Gröne internationale Berufserfahrung durch Praktika bei JPMorgan (London), Bayerische Landesbank (London), Roland Berger Strategy Consultants (Berlin) sowie DaimlerChrysler Bank (Berlin).

Neben dem Studium engagiert sich Thorsten Gröne in studentischen Vereinen wie dem „Studenten der ESB" und dem „International Business Club" an der Northeastern University. In seiner Freizeit war Thorsten Gröne jahrelang im Leichtathletikclub „LG Ems Warendorf" aktiv und nahm an nationalen und internationalen Wettkämpfen teil. Im Frühjahr 2002 und 2003 startete er mit einer internationalen Studentengruppe in Reutlingen, um mit dem Fahrrad das spanische Cadíz bzw. das irische Cork zu erreichen und auf diese Weise Europa aus einer ganz besonderen Perspektive zu „erfahren".

Markus Ostermaier

Email: MarkusOstermaier@web.de

Markus Ostermaier (geboren am 30.07.1980 in Singen am Hohentwiel) begann sein Studium der Internationalen Betriebswirtschaft im Oktober 2001 an der European School of Business Reutlingen und studiert seit September 2003 an der Dublin City University in Irland.

Im Frühjahr 2005 wird Markus Ostermaier sein Studium mit dem deutschen Diplom-Betriebswirt und dem angelsächsischen Bachelor of Arts (B.A.) in European Business abschließen. Während seines Studiums sammelte Markus Ostermaier internationale Berufserfahrung durch Praktika bei Schenker Logistics (Sydney), Bain & Company (München), Volkswagen de México (Puebla) und bei der Consline AG (München).

Neben dem Studium engagiert sich Markus Ostermaier in der studentischen European Business Society an der Dublin City University. In seiner Freizeit spielte er jahrelang in der dritthöchsten deutschen Handballliga und gewann im Frühjahr 2004 mit der Universitätsmannschaft der Dublin City University die Irische Handballmeisterschaft. Darüber hinaus begeistert sich Markus Ostermaier für Ausdauersportarten und lief 2004 seinen ersten Marathon in Dublin.

IEWS-Schriftenreihe, fortgesetzt ab Band 25 als „Schriftenreihe des ESB Research Institute“

1. *Tanja Henne*
   Derivative Finanzinstrumente und ihre Bilanzierung nach HGB, US-GAAP und IAS
   ISBN 3-8265-7830-9, Shaker-Verlag, Aachen

2. *Senol Agac*
   TV-Banking - Implications of a new delivery channel for financial services companies in Germany
   ISBN 3-8265-7831-7, Shaker-Verlag, Aachen

3. *Julia Pracht*
   Strategic Financing of Small- and Medium-Sized Enterprises in the German IT Sector
   ISBN 3-8265-7832-5, Shaker-Verlag, Aachen

5. *Andreas Resch*
   Valuation of Internet Companies - Difficult or Impossible?
   ISBN 3-8265-7834-1, Shaker-Verlag, Aachen

6. *Lars Herold*
   Public vs. Private Companies in Germany
   Quantifying, Understanding, and Closing the Performance Gap
   ISBN 3-8265-7835-X, Shaker-Verlag, Aachen

7. *Alexander Zimmer*
   Unternehmenskultur und Cultural Due Diligence bei Mergers & Acquisitions
   ISBN 3-8265-9118-6, Shaker-Verlag, Aachen

8. *Claudia Schulze, Verena Pfeiffer, Torsten Witzke*
   Aktives Kreditrisikomanagement: Portfoliomodelle & innovative Produkte
   ISBN 3-8265-9117-8, Shaker-Verlag, Aachen

9. *Pilar Zumft Cortines*
   Welthandel und Umweltschutz:
   Das Spannungsfeld von Welthandelsorganisation und Nichtregierungsorganisationen
   ISBN 3-8265-9163-1, Shaker-Verlag, Aachen

10. *Jonathan Labin*
    Erfolgsfaktoren elektronischer B2B-Marktplätze im Finanzdienstleistungssektor
    ISBN 3-8265-9164-X, Shaker-Verlag, Aachen

11. *Carolin Oelschlegel*
Beweggründe für und Umsetzung von Going Private Transaktionen
ISBN 3-8265-9165-8, Shaker-Verlag, Aachen

12. *Karen Temple*
Discrimination against Women on the Labour Market in Germany Today
ISBN 3-8265-9166-6, Shaker-Verlag, Aachen

13. *Michael Lambauer*
Effective Business Leadership: Past, Present and Future
ISBN 3-8265-9167-4, Shaker-Verlag, Aachen

14. *Anne Klausmann*
Le marketing one-to-one come outil de fidélisation dans le secteur bancaire
ISBN 3-8265-9168-2, Shaker-Verlag, Aachen

15. *Lars Herold*
Building a Market Economy in North Korea and Vietnam
Key Lessons from the Chinese, Russian, and German Experiences
ISBN 3-8322-0643-4; Shaker-Verlag, Aachen

16. *Valeria Lange*
Verliert die Luxusgüterbranche an Exklusivität?
ISBN 3-8322-0763-5, Shaker-Verlag, Aachen

17. *Anne-Katrin Müller*
Wahrgenommene Dienstleistungsqualität: Konzeption eines dynamischen Phasen-Modells
ISBN 3-8322-0911-5; Shaker-Verlag, Aachen

18. *Thomas Kern*
Success Factors of American Business Schools in the Beginning of the 21st Century
ISBN 3-8322-0781-3, Shaker-Verlag, Aachen

19. *Constantin M. Gall*
Unternehmensbewertung für Bilanzierungszwecke – Die Bilanzierung und Bewertung des Goodwill nach US-GAAP SFAS 141 und 142 im Rahmen von Business Combinations
ISBN 3-8322-1955-2, Shaker-Verlag, Aachen

20. *Stephanie Kielmann*
Problematische Zielgruppen und ihre Beachtung durch Markenartikler (Gay- und Ethno-Marketing)
3-8322-2027-5, Shaker-Verlag, Aachen

21. *Sonia Pereiro Méndez*
"Equity carve out" als Desinvestitionsinstrument zur Steigerung des Unternehmenswertes
ISBN 3-8322-2046-1, Shaker-Verlag, Aachen

22. *Sabine Weissinger*
Realoptionen als Bewertungsansatz für Wachstumsunternehmen
ISBN 3-8322-2121-2, Shaker-Verlag, Aachen

23. *Jörg Adams*
Applicability of Real Option Valuation for High-Risk Investments
ISBN 3-8322-2336-3, Shaker-Verlag, Aachen

24. Sebastian Schienle
Die Anwendung der Theorie des Rent-Seeking auf einzelwirtschaftliche Unternehmensformen
ISBN 3-8322-2629-X, Shaker-Verlag, Aachen

European School of Business

ESB REUTLINGEN

Undergraduate Studies: Wir messen uns nur mit den Besten

- Vier Jahre Studium, davon die Hälfte im Ausland
- Abgestimmte Lehr- und Prüfungsinhalte mit Partnerhochschulen
- Praxisnähe des Studiums
- Zwei Praxissemester, davon mindestens eines im Ausland
- Aktive Studentenschaft

Postgraduate Studies: Vertiefungen in Theorie und Praxis

Der MBA für internationale Kompetenz

- Präsenzstudium 3 Semester, Teilzeitstudium max. 3 Jahre
- Traditionsreichster MBA-Studiengang in Deutschland
- FIBAA Akkreditierung
- Modularer Aufbau des Studienganges
- Kleine, internationale und interdisziplinäre Gruppen

MSc: Academic quality at its best

- Drei Semester Studium; Abschluss in Reutlingen oder an einer der Partnerhochschulen
- Gemeinsames Master-Programm mit der Lancaster University
- Wissenschaftliche und praktische Konzepte

Corporate Relations: Wir denken weiter

- Corporate MBA
- Unternehmensberatung
- Sponsoren
- Career Center

www.esb-reutlingen.de

***ibidem*-Verlag**
Melchiorstr. 15
D-70439 Stuttgart

info@ibidem-verlag.de

www.ibidem-verlag.de
www.edition-noema.de
www.autorenbetreuung.de

MIX

Papier | Fördert gute Waldnutzung

FSC® C083411

Zeitfracht Medien GmbH
Ferdinand-Jühlke-Straße 7
99095 Erfurt, Deutschland
produktsicherheit@kolibri360.de